KB042324

패권경쟁 시대, 전쟁을 막을 최선의 안보 전략

왜 우리는 핵보유국이 되어야 하는가

패권경쟁 시대,
전쟁을 막을 최선의 안보 전략

왜 우리는 핵보유국이 되어야 하는가

정성장 지음

메디치

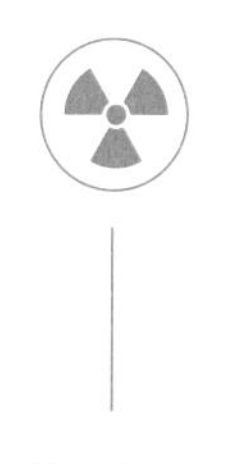

책을 펴내며

나는 대한민국에서 둘째가라면 서러워할 평화주의자다. 북한 전문가로서 오랫동안 북한의 비핵화를 진전시키며 한반도에 평화체제를 구축하고 북미 및 북일관계 정상화를 통해 한반도의 냉전 구조를 해체하는 방안을 적극 모색해 왔다.

그런데 2016년 1월 북한의 제4차 핵실험은 내게 매우 큰 충격으로 다가왔다. 북한이 이때 '시험용 수소탄'을 실험했다고 발표했기 때문이다. 한때 동아시아에서 맹위를 떨쳤던 일본 제국주의는 1945년 원자탄 2발에 결사항전을 포기하고 미국에 항복해야만 했다. 그런데 북한이 그 원자탄보다 훨씬 더 강력한 수소탄의 본격 개발 의도를 드러낸 것이다. 따라서 나는 북한의 핵무기가 생존용이나 협상용 차원을 넘어서서 한국의 안보와 국가 생존에 심각한 위협이 된다고 판단했다. 그리고 당시 여러 전문가와 논의하고 많은 자료를 검토한 후 이제는 한국이 독자 핵무장(핵자강)으로 갈 수밖에 없다는 결론에 도달했다.

중도 성향인 내가 2016년에 '독자 핵무장'을 주장하자 당시 나를 잘 아는 전문가들과 언론인들은 몹시 당혹해했다. 그때까지 '독자 핵무장'을 주장했던 사람들은 주로 극우 성향의 전문가들이나 정치인들이었기 때문이다. 그러나 내가 주장하는 핵자강론은 대북 핵 선제공격 필요성까지 주장하는 이들의 핵자강론과는 명백하게 다르다. 남북 핵 균형을 통해 한반도에서 핵전쟁의 가능성을 근본적으로 제거하고, 지속 가능하며 안정적인 남북협력의 토대를 구축하는 방향으로 가자는 것이 내 입장이다.

핵무장을 주장하면 '북한과 핵전쟁하자는 것이냐?'라고 오해하는 사람들이 있는데, 지금까지 핵보유국들끼리 전면전을 한 사례는 단 한 건도 없다. 인도와 파키스탄도 양국의 핵무장 이전에는 세 차례나 전면전을 했지만, 핵무장 이후에는 국지전이나 제한전 규모를 넘어서는 전면전은 단 한 번도 일어나지 않았다. 이와 마찬가지로 한국이 자체 핵무기를 보유한다면 남북 간에 매우 제한적인 국지전이 발생할 수는 있지만 전면전의 위험은 사라질 것이다.

나는 문재인 정부 출범 이후에도 독자 핵무장의 필요성을 강조했지만, 2018년에 남북 및 북미정상회담이 추진될 때는 청와대 국가안보실에 '비핵·평화 태스크포스T/F'를 만들고 우리 사회의 권위 있는 전문가들을 모아 남북한과 미국, 중국이 모두 수용할 수 있는 북한의 비핵화와 국제사회의 상응조치에 대한 해법을 한국이 주도적으로 마련해야 한다고 주장했다. 그러나 안타깝게도 당시 한국 정부는 도널드 트럼프 대통령과 김정은 국무위원장이 만나 결단을 내리면 비핵화 문제가 쉽게 진전될 수 있다고 보고 순진하게 대처했다. 그 결과 2019년 2월 하노이 북미정상회담의 결렬 이후 북한이 미국과의 비핵화 협상을 포기하고 다시 핵과 미사일 능력을 고도화하자 우리 정부는 무기력하게 이를 지켜보아야만 하는 처지에 놓이게 되었다.

2022년 2월 러시아는 전문가들 대부분의 예상을 깨고 우크라이나를 침공했다. 이후 미러관계가 전면대결 상태로 들어가자 북한은 유엔안보리의 제재에 대한 우려 없이 자유롭게 대륙간탄도미사일ICBM 등을 시험발사했다. 그리고 미중전략경쟁의 격화로 북한 문제에 대한 미중 간의 협조도 더는 기대할 수 없게 되었다. 설상가상으로 2022년 4월부터 북한은 전술핵무기의 전방 배치 의도를 드러내면서 대남 핵위협을 노골화했다.

이처럼 한반도 안보 환경이 급변함에 따라 나는 2022년 6월부터 학술회의 등을 통해 핵자강의 필요성을 다시 적극적으로 강조하게 되었다. 그 과정에서 핵자강론에 대한 전문가들의 거부감이 6년 전보다 놀라울 정도로 줄어들었음을 발견했다. 어떤 세미나에서는 전문가들이 찬반 입장으로 나뉘어 서로 열띠게 논쟁하는, 과거에는 상상할 수 없었던 광경을 목도하기도 했다.

이후 나는 한국의 핵자강에 동의하는 전문가들과 청년들의 모임인 '한국핵자강전략포럼'을 창립했다. 그 과정에서 보수뿐만 아니라 중도 또는 진보 성향의 전문가 다수가 기꺼이 동참 의사를 보여 또 한 번 크게 놀랐다. 전혀 생각지도 않았던 전문가들이 내가 '다시 총대를 메기로 했다'라고 하자 '총대를 같이 메자'라고 반응하거나 '같이 역사를 새로 쓰자'라고 호응해 왔다. 원래는 이 모임을 전문가들 위주의 '연구회'로 구성하려고 했으나, 핵자강에 공감하는 청년이 많다는 사실을 알게 되면서 결국은 전문가들과 청년들이 함께 이끌어가는 '포럼'으로 확대해 조직했다.

2023년 3월 한국국제정치학회는 국제정치 분야의 전문가 146명을 대상으로 설문조사를 진행해 한국의 자체 핵무장에 대해 62.3%가 반대한다는 의견을 제시했고, 찬성한다는 의견은 31.5%였다고 발표했다. 반대 의견이 찬성 의견보다 많았지만, 국제정치 전문가들 가운데서 찬성 의견이 30% 이상 나왔다는 점은 매우 놀라운 사실이다. 만약 이 조사를 2년 전쯤에 했다면 찬성 의견이 10%도 나오지 않았을 것이다. 이런 추세라면 2~3년 후에 다시 같은 설문조사를 한다고 할 때 국제정치 전문가들의 50% 이상이 자체 핵무장에 찬성한다는 결과가 나올 수도 있을 것이다.

일반 국민을 대상으로 한 여론조사에서는 보수와 진보 성향을 떠나 대체로 60% 이상이 한국의 자체 핵 보유를 지지하는 것으로 나타나고 있다. 그리고 정치인들과 언론인들 사이에서 독자 핵무장 지지 목소리가 갈수록 높아지고 있다. 그러나 한국의 자체 핵무장론이 아직까지 체계적인 형태로 제시되지 않아 핵무장에 대한 지지가 심정적인 형태에 그치는 경우가 많고, 과연 그것이 가능하겠느냐는 회의적인 시각도 있다.

이에 나는 중도적·초당적 자체 핵무장 담론을 체계화해 제시하는 일을 더는 미룰 수 없다고 판단했다. 그래서 2016년부터, 특히 2022년부터 수많은 공개 또는 비공개 세미나에서 발표했던 내용을 통합하고 보완해 이 책을 내게 되었다. 이 책의 집필은 내가 했지만, 그동안 토론에 참가한 전문가들의 의견이 담겨 있다. 특히 한국의 생존전략으로 핵자강을 지지하는 분들의 의견과 질문 등을 최대한 반영하려고 노력했기 때문에 이 책은 집단지성의 결과물이라고 할 수 있다.

나는 이 책을 통해서 무엇보다도 핵자강론을 체계화된 형태로 제시하고 싶었다. 이를 위해 먼저 서장에서 안보불감증으로 인해 한국이 무방비 상태에서 외침을 당했던 역사적 경험을 상기시켰다. 그리고 제1장에서는 한국이 핵자강을 적극적으로 고려해야 하는 이유들을 지적했다. 우리 사회 일각에서는 핵자강론을 보수적인 담론으로 간주하는 경향이 있지만, 핵자강을 통해 진보 세력이 추구해 온 자주외교, 자주국방, 남북화해협력의 방향으로 나아갈 수 있으므로 이는 진보의 담론이 될 수도 있음을 강조했다. 제2장에서는 협상을 통한 북한의 비핵화 가능성이 왜 희박한지 분석했다. 제3장에서는 북한의 대남 핵 위협이 단순히 시위적 성격에 불과한지, 아니면 한국의 안보에 실질적인 도전이 되고 있는지 검토했다. 제4장에서는 북한의 핵과 미사일 능력 고도화로 미국의 확장억제 한계가 갈수록 명확하게 드러나고 있다는 점을 지적했다. 제5장에서는 핵자강 추진을 위한 대내외적 조건이 무엇이며, 체크리스트에는 무엇이 들어가야 할지 구체적으로 분석했다. 제6장에서는 한국의 자체 핵 보유 역량에 관해서 미국과 한국 전문가들의 연구를 통해 고찰했다. 제7장에서는 남북 핵 균형과 핵 감축을 위한 4단계 접근법을 제시했고, 제8장에서는 한국의 핵자강 문제에 관해 미국의 학계와 정치권에서 어떤 논의가 이루어지고 있는지, 한국이 미국과 중국을 어떻게 설득해야 할지 살펴보았다. 제9장에서는 담대하고 통찰력 있는 지도자와 초당적 협력의 필요성을 지적했고, 제10장에서는 핵자강을 비판하는 논리들에 대한 반박과 자주 하는 질문들에 대한 답변을 실었다.

이 책은 외교안보 전문가들과 정치인들 그리고 정책담당자들에게 한국의 핵무장이 왜 필요하고, 만약 그런 옵션을 추진한다면 어떤 장애물들을 넘어서야 하며, 어떤 이익을 얻게 될지에 관해 큰 그림을 제시하는 것을 주된 목적으로 하고 있다. 따라서 일반 대중이 이 책을 읽기에는 다소 쉽지 않은 부분이 있을 수도 있다. 하지만 한반도의 평화와 미래에 대해 애정을 가진 분들이라면 읽는 데 큰 어려움은 없으리라고 본다.

이 책의 출간이 한국의 핵자강론에 관한 논의를 더욱 체계화하고 발전시키는 계기가 되었으면 한다. 핵자강론을 반대하는 전문가들도 졸저를 읽고 협상을 통한 북한 비핵화 가능성, 북한 핵 위협 인식 문제, 확장억제의 한계, 한국의 자체 핵 보유 옵션 등에 대해 포괄적으로 그리고 더 심층적으로 논의할 수 있게 되기를 희망한다.

이 책이 나오기까지 그동안 함께 고민하고 토론에 참여해 준 한국핵자강전략포럼의 이창위, 정경영, 이백순 전략고문, 그리고 포럼의 외연을 확장하고 핵자강 관련 국내외 논의 동향을 지속적으로 체크하고 공유해 온 이대한 사무총장 및 운영위원들과 청년회원들에게 그동안의 협조와 도움에 깊은 감사를 드린다.

2022년 7월 제13회 아시안리더십콘퍼런스[ALC]를 통해 알게 된 미국 다트머스대학교의 대릴 프레스[Daryl G. Press] 교수, 부산대학교의 로버트 켈리[Robert E. Kelly] 교수와의 만남도 핵자강론을 더욱 정교화하는 데 큰 도움이 되었다. 이들의 예리한 분석과 코멘트 및 협력에 감사드린다.

이 외에도 필자가 핵자강론을 발표하고 발전시키는 데 도움을 준 많은 전문가와 전현직 정치인들에게도 심심한 감사를 드린다. 내가 핵자강론을 발전시키는 데는 언론인들과의 대화도 매우 중요하게 작용했다. 그동안 내 주장에 공감하거나 깊은 관심을 보여 준 내외신의 많은 언론인에게도 감사를 드리는 바다.

마지막으로 우리 사회에서 오랫동안 금기시되어 온 핵자강 주제의 책 출간에 대해 고민 끝에 출판 결정을 내려 준 메디치미디어의 김현종 대표에게 깊은 감사를 드린다.

이 책을 집필하는 과정에서 많은 분으로부터 과분한 관심과 사랑을 받았다. 그러나 이 책에서 발견되는 부족한 점은 오로지 필자의 몫이다. 부족한 부분은 이후 개정판을 통해 보완해 나갈 것을 약속드린다.

2023년 8월
세종연구소 연구실에서
정 성 장

차례

3부 Q&A

서장:
안보에 소홀하면 국가 생존도 평화 번영도 없다

우리의 역사를 보면 '적의 실정'을 정확히 파악하려는 노력이 부족해 수년간의 침략으로 전 국민이 막대한 인적·경제적 피해를 입은 적이 한두 번이 아니었다. 선조 24년인 1591년 일본을 방문하고 돌아온 통신사 일행 중 정사 황윤길은 일본이 곧 침략할 것이라고 보고했으나, 부사 김성일은 침입할 정황을 발견하지 못했으니 두려워할 것이 없다고 주장했다. 당시 조선의 조정은 이처럼 상반된 보고에 무엇이 진실인지 파악하려는 노력을 회피하고 요행을 바라며 김성일의 보고로 기울었다. 그리고 각 도에 명하여 축성築城 등 전쟁에 대비한 방비防備를 서두르는 것조차 중지토록 했다. 그 결과 1592년 일본이 조선을 침략했을 때 수많은 백성이 무참하게 살상되었고, 7년간의 전쟁으로 전국토가 황폐화되었다. 정확한 피해를 파악하기는 어렵지만, 전 인구의 1/4~1/3 정도가 죽고 경제가 100년 후퇴했다는 분석도 있다.

임진왜란은 우리에게 적의 실정을 정확하게 파악하는 것이 한국의 안보에 매우 중요함을 일깨워 주었다. 그리고 6·25 전쟁은 우리 사회가 여전히 '적의 실정'과 '아군의 전력戰力'에 대한 정확한 파악의 중요성을 인식하지 못하고 있었음을 다시 확인시켜 주었다.

6·25 전쟁이 발생하기 약 6개월 전인 1949년 12월 27일 육군본부 정보국에서는 박정희, 김종필, 이영근 등의 주도하에 연말 종합보고서를 작성, 북한의 남침 가능성에 관해 상세히 보고한 바 있으나, 정치권과 군 수뇌부는 이를 진지하게 검토하지 않았다. 그 결과 북한군 공격 15일 전인 1950년 6월 10일에 인사이동을 전격 단행했고, 전방 사단장과 육군본부 지휘부 대부분이 교체되었다. 그래서 전쟁 발발 당시 한국군 전방 지휘부는 자기 부대 장악과 임무 파악도 못한 상태였다. 설상가상으로 전쟁 발발 직전인 6월 23일 24시에 한국군은 6월 11일 16시부터 유지되던 비상경계명령인 '작전명령 제78호'를 해제했다. 그리고 약 1/3에 달하는 병사들이 24일(토요일) 새벽부터 휴가와 외출을 떠나 막사를 벗어나 있었다.

6·25 전쟁이 발발하기 전, 한국군 수뇌부는 "아침은 서울에서, 점심은 평양에서, 저녁은 신의주에서"라는 말로 북한과의 전쟁에 대한 자신감을 피력했다. 그리고 전쟁 발발 직후 국회에 출석한 신성모 국방장관과 채병덕 육군 총참모장은 "만약 공세를 취한다면 1주일 이내에 평양을 탈환할 자신이 있다."라고 보고했다. 그러나 정작 북한군이 남침을 개시했을 때 한국군은 거의 무방비 상태에서 큰 타격을 입었고, 전쟁 발발 3일 만에 수도 서울이 점령당했다.

4세기 로마의 전략가 베게티우스는 "평화를 원한다면 전쟁을 준비하라."라고 설파했다. 그런데 6·25 전쟁이 끝난 지 70년이 지난 지금 한국 정부와 사회가 평화를 지키기 위해서 북한의 공격 가능성에 대해 얼마나 충분히 대비하고 있는지는 의문이다. 현재 북한은 80~90여 발 정도의 핵탄두를 보유하고 있는 것으로 추정되지만,[1] 한국군과 사회는 북한의 핵공격에 전혀 준비되어 있지 않다.

이명박 정부 때 남북한 간에는 대청해전, 천안함 폭침, 북한의 연평도 포격 등 세 차례의 군사적 충돌이 있었다. 그런데 그때만 해도 북한의 핵과 미사일 능력이 낮은 수준에 머물러 있었지만, 지금은 북한이 대륙간탄도미사일과 수소폭탄, 전술핵무기까지도 보유하고 있으므로 다시 남북 간에 군사적 충돌이 발생하면 13~14년 전과는 매우 다른 양상으로 전개될 가능성이 크다.

김정은 북한 노동당 총비서는 2022년 4월 25일 열병식에서 "우리의 핵이 전쟁 방지라는 하나의 사명에만 속박되어 있을 수는 없다."라고 말했다. 그런데도 일부 전문가들은 김정은의 이 같은 발언을 무시하고, 북한 지도부가 마치 미국과의 대화에만 계속 연연해하고 있는 것처럼 주장하는데, 이는 우리의 안보의식을 마비시키는 것이다. 한국이 임진왜란이나 6·25 전쟁 같은 비운을 다시 겪지 않으려면, 북한의 핵과 미사일 역량이 급속도로 고도화되어감에 따라 신뢰성이 갈수록 약화되고 있는 미국의 확장억제에 대한 거의 전적인 의존을 넘어서서 자신의 힘으로 스스로 지키려는 자강自强의 결단과 치밀한 준비가 필요하다. 물론 자체 핵 보유는 단기간 내에 쉽게 달성할 수 있는 목표가 아니다. 대내외적으로 많은 조건이 충족되어야 실현 가능하다.

이 책의 제1부에서는 한국이 왜 핵자강을 적극적으로 고려해야 하는지, 북한 비핵화의 실패 원인들과 장애 요인들은 무엇이며, 북한의 대남 핵 위협이 단순히 시위성에 불과한지, 아니면 한국의 안보에 실질적인 위협이 되는지, 미국의 확장억제에는 어떤 한계가 있는지 등에 관해 분석할 것이다. 그러고 나서 제2부에서는 핵자강 추진을 위한 체크리스트를 고찰하고, 한국의 핵 개발 역량을 분석하며, 남북 핵 균형과 핵 감축을 위한 4단계 접근법 및 국제사회 설득 방안 등을 제시할 것이다. 마지막으로 제3부에서는 한국의 자체 핵무장을 반대하는 담론과 논리에는 어떤 문제점들이 있는지 문답 형식을 통해 구체적으로 지적하고자 한다.

1부

북한의 대남 핵 위협과
한국의 자체 핵 보유 필요성

제1장

한국이 핵자강을 적극적으로 고려해야 하는 이유

한국이 핵자강을 적극적으로 고려해야 하는 이유는 ① 협상을 통한 북한 비핵화의 가능성이 희박하고, ② 한국의 비핵무기로 북한의 핵무기에 대응하는 것이 현실적으로 불가능하며, ③ 북한의 핵과 ICBM 능력의 고도화로 미국 확장억제의 신뢰성이 계속 약화되고 있고, ④ 한국의 핵자강이 북한의 오판에 의한 핵 사용과 핵전쟁을 막기 위한 가장 효과적인 방법이며, ⑤ 한국이 자체 핵무기를 보유하면 미국의 정권 교체에 의해 한국의 안보와 남북관계가 큰 영향을 받지 않을 수 있고, ⑥ 미국의 차기 대선에서 한국의 자체 핵 보유에 열린 입장을 가진 정치인이 대통령에 당선될 수 있으며, ⑦ 러시아의 우크라이나 침공 이후 핵비확산체제에 중대한 균열이 발생하고 있고, ⑧ 한국이 자체 핵무기를 보유하게 되면 북미 적대관계를 완화하고, 남북관계를 정상화할 수 있으며, ⑨ 미중전략경쟁 시대에 한국의 외교적 자율성을 확대할 수 있고, ⑩ 한국의 국제적 위상이 높아질 것이며, ⑪ 진보 세력에게는 핵자강이 재집권을 위한 가장 확실한 안보전략이 될 것이며, ⑫ 미래세대의 안전을 확실하게 보장할 수 있는 방안이 될 것이기 때문이다.

최근에 실시된 각종 여론조사 결과를 보면 국민의힘과 더불어민주당 지지자, 그리고 보수와 진보 성향 국민들의 약 2/3 이상이 한국의 독자적 핵무장을 지지하고 있는 것으로 확인되고 있다. 그러므로 독자적 핵무장에 대한 민주당의 맹목적 반대 입장은 민심과 크게 괴리되어 있다. 이 장에서는 민주당이 추구해 왔던 '비핵·평화정책'이 더는 실현 가능하지 않으며, 독자적 핵무장을 통해 자주외교와 자주국방, 국익 중심 외교, 남북관계 정상화, 복지정책 등의 가능성이 커지므로 보수 세력뿐만 아니라 진보 세력도 핵자강을 진지하게 검토해야 함을 지적하고자 한다.

1. 협상을 통한 북한 비핵화 가능성 희박

한국의 역대 정부들은 노태우 정부 시기부터 '한반도 비핵화' 또는 '북한 비핵화'를 불변의 대북정책 목표로 제시해 왔다. 그런데 북한은 2017년에 '국가핵무력 완성'을 선포했고, 2019년 북미 비핵화 협상 결렬 이후 다시 핵과 미사일 역량의 급속한 고도화를 추구하고 있다. 이런 상황에서 '북한 비핵화'라는 목표가 여전히 실현 가능한 목표인지에 대한 냉정한 평가가 필요하다.

만약 북한이 미국 및 한국과의 비핵화 협상 테이블에 나와 북한의 핵 포기와 국제사회의 대북제재 완화, 북미관계 정상화, 평화협정 등을 교환하는 방안에 대해 진지하게 논의할 의사가 있다면, 한국이 굳이 자체 핵 보유를 추진할 이유가 없을 것이다. 그러나 제3장에서 상세하게 살펴보겠지만, 북한은 이제 미국과 비핵화 문제에 관해 논의하지 않을 것이며, 오히려 핵탄두를 기하급수적으로 늘리겠다는 입장이다. 따라서 북한과의 비핵화 협상 재개를 기대하는 것은 매우 비현실적이다.

2. 비핵무기로 핵무기에 대응하는 것의 명백한 한계

현재 한국 정부는 마치 비핵무기非核武器로도 북한의 핵무기에 충분히 대응할 수 있는 것처럼 주장하고 있다. 이는 국민의 불안감을 해소하기 위해 비핵무기의 위력을 과장하는 것일 뿐, 실제와는 다르다. 일부 언론과 전문가들은 한국 국방부가 탄두 중량이 8t이 넘어 '괴물 미사일'로 불리는 '현무-5' 시험발사를 준비하고 있는데, 이 미사일을 동시에 발사하면 핵에 버금가는 위력을 낼 수 있다고 주장한다. 그러면서 현무-5 미사일이 지하 100m 이상의 갱도와 벙커 표적 타격이 가능하다고 설명한다.[2] 이 미사일을 '전술핵무기 급으로 유사시 지하 깊숙한 곳에 있는 적 지하벙커 등을 파괴할 수 있는 재래식 고위력·초정밀 괴물 미사일'이라고 설명하는 기사도 있다.[3]

그런데 북한이 10kt(킬로톤, 1kt은 TNT 1000t 폭발력) 위력의 전술핵폭탄을 서울 상공 400m에서 폭발시키면 적어도 7만 7,600여 명이 사망하고, 26만 8,590명이 부상을 입을 것으로 예상된다. 폭발에 따른 직접적 피해 반경도 4.26㎞에 달할 것으로 추정된다.[4] 따라서 전술핵무기와 그 위력이 매우 제한적인 현무-5 미사일을 비교하는 것 자체가 어불성설이다. 게다가 현무-5 미사일은 2023년 7월까지 아직 시험발사도 하지 않았고, 2030년 초 전력화를 목표로 하고 있다는 분석도 있어 실전배치까지는 요원한 실정이다. 반면, 북한이 2017년 9월에 실험한 수소폭탄의 위력은 전술핵무기의 10~30배 정도인 100~300kt에 달했던 것으로 평가되고 있다.

만약 한국이 비핵무기로 북한의 핵무기에 대응하려면 엄청난 국방비가 들어갈 수밖에 없으며, 그렇게 하더라도 북한의 핵무기에 효과적으로 대응하는 것은 근본적으로 불가능하다. 만약 재래식 무기로도 핵무기에 대응이 가능했다면 동북아에서 맹위를 떨쳤던 일본이 1945년에 원자탄 두 발을 맞고 곧바로 항복하지는 않았을 것이다.

3. 북한의 핵·미사일 능력 고도화와 미국 확장억제의 신뢰성 약화

미국의 확장억제는 북한이 비핵국가非核國家이고 ICBM을 보유하지 않았을 때에야 신뢰할 만한 방식이다. 북한의 핵과 미사일 역량이 급속도로 고도화되어 대륙간탄도미사일로 미 본토를 타격할 능력을 거의 확보하게 된 상황에서 한국을 지키기 위해 미국이 북한의 핵공격을 받는 것까지 감수하면서 북한과 핵전쟁을 할 수 있을지는 의문이다. 북한의 핵무기가 한국의 안보를 심각하게 위협하고 있고, 북한의 ICBM 기술이 진전됨에 따라 미국의 확장억제에 대한 신뢰도가 계속 약화되고 있으므로 한국은 자신의 운명을 미국에게만 의탁할 것이 아니라 자신의 힘으로 스스로 지키는 방향으로 나아가야 할 것이다.

2022년 10월 5일 개최된 세종국방포럼에서 공평원 연세대학교 항공우주전략연구원 안보전략센터장(전 합참 전력기획차장)은 "북한이 남한을 향해 핵을 사용하고 나서 ICBM을 준비해 놓고 '미국이 만약 북한에 핵공격을 감행하면 우리도 시애틀이나 LA에 대해 쏠 거야.'라고 엄포를 놓으면 미 대통령이 핵을 사용하기 굉장히 어려울 것"이라고 평가했다.

공 센터장은 미국 학자들과 여러 차례 세미나를 개최하면서 이 같은 상황에서 미 대통령이 북한에 핵무기를 사용할 수 있을지 물어보았다. 하지만 학자들 대부분은 "미국 대통령은 핵 사용을 결심하지 못할 것"이라고 답변했다고 한다.[5] 미국의 핵 사용은 미 대통령이 결정하게 되어 있다. 따라서 미국이 북한과의 핵전쟁을 피하기 위해 대북 핵 보복 공격 결심을 내리기 어렵다면, 일부 전문가들의 주장대로 미국의 전술핵무기를 재배치하거나 한미일이 핵을 공유하더라도 상황이 크게 달라지지 않을 것이다.

4. 한반도에서의 핵전쟁 방지를 위한 가장 효과적인 방법

북한은 2022년 4월부터 전술핵무기의 전방 실전배치 계획을 공표하고 이후 이를 실행에 옮기고 있다. 9월에는 남한에 대한 선제 핵 사용까지 정당화하는 법령을 채택했다. 그리고 남한의 주요 군사지휘시설과 공항, 항만 등을 타깃으로 하는 전술핵 모의 타격 훈련도 진행하고 있다.

이 같은 상황에서 북한의 오판에 의한 핵 사용과 핵전쟁을 막기 위한 가장 효과적인 방법은 한국의 자체 핵 보유다. 한국이 핵무기를 보유하고 있다면 북한은 김정은을 비롯한 지도부가 직접 공격받는 극단적 상황이 아니고서는 한국에 핵무기를 사용할 수 없다. 하지만 한국에 핵무기가 없는 상황에서는 북한이 유사시 핵무기를 사용할 수도 있다. 따라서 여기서 한국의 자체 핵 보유 필요성을 강조하는 이유는 핵무기로 북한과 전쟁하기 위해서가 아니라 북한이 핵무기를 사용하지 못하게 하기 위함이다.

일부 극우 세력의 핵무장 담론은 북한을 군사적으로 공격하고 제압하는 상황까지 고려하고 있는데, 이는 남북한의 공멸을 가져올 수 있는 매우 위험한 입장이다. 따라서 합리적인 보수와 진보의 핵자강 담론은 핵을 보유하되 외부로부터 심각한 군사적 공격 또는 핵공격을 받기 전까지는 먼저 핵을 사용하지 않는다는 '핵 선제 불사용No First Use, NFU' 원칙을 채택하는 것이 바람직하다. 만약 한국 정부가 자체 핵무기를 보유하고 이 같은 핵 선제 불사용 원칙을 공개적으로 천명한다면, 북한도 남한의 '선제타격'에 대한 우려로 핵무기를 먼저 사용하려고 하는 유혹에서 벗어날 수 있을 것이다.

5. 미국의 정권교체에 의해 크게 영향받지 않는 튼튼한 안보와 남북관계 구축

미국에서는 4년마다 대통령 선거가 있으며, 대선에서 고립주의를 표방하는 정치인이 대통령에 당선되면 한국에 대한 방위 공약은 약화될 수밖에 없다. 2024년 미 대선에서 만약 트럼프 같은 정치인이 대통령에 당선된다면 미국은 다시 고립주의 또는 '미국우선주의'로 회귀할 가능성이 크다. 그러므로 한국의 운명을 우리 자신의 힘으로 스스로 결정해야지 4년 또는 8년마다 대통령이 바뀌는 미국에 거의 전적으로 의탁하려 하는 것은 부적절하다.

현재 한국은 북한의 핵 위협에 맞서 자신을 스스로 지킬 수 있는 핵무기가 없기 때문에 미국의 확장억제에 의존할 수밖에 없고, 그 결과 미 행정부의 교체로 미국의 대북정책이 바뀌게 되면 한국의 대북정책도 큰 영향을 받게 된다. 그러나 한국이 자체 핵무기를 보유함으로써 남북 핵 균형이 이루어지게 되면 한국 정부는 미 행정부의 대북정책 변화에 상대적으로 덜 영향을 받게 되고 비교적 안정적으로 남북관계를 관리할 수 있게 될 것이다.

6. 한국의 핵 보유에 대한 미국의 입장 변화 가능성

한국의 독자적 핵무장에 반대하는 전문가들은 대부분 미국이 한국의 핵무장을 절대로 용인하지 않을 것이라고 주장한다. 그러나 2016년에 도널드 트럼프 당시 미국 공화당 대선 후보는 한국과 일본이 북한과 중국으로부터 보호받기 위해 미국의 핵우산에 의존하는 대신 스스로 핵을 개발하도록 허용하겠다고 밝힌 바 있다.[6] 미국 학계에서도 북한의 심각한 핵 위협에 직면한 "한국 정부가 자체 핵 보유를 추진할 경우 미 행정부가 이를 수용해야 한다."라는 목소리와 "미 행정부가 한국 정부와 독자 핵 보유 문제에 대해서도 논의해야 한다."라는 목소리가 계속 높아지고 있다. 그러므로 현재 바이든 행정부가 한국의 핵무장에 반대하고 있다 해도, 2024년 또는 차차기 미국 대선에서 트럼프처럼 한국의 핵무장에 대해 열린 태도를 가진 정치인이 대통령에 당선되면, 한국이 미국의 묵인하에 독자적 핵 보유로 가는 길이 열릴 수 있다.

7. 러시아의 우크라이나 침공 이후 핵비확산체제의 균열

2022년 러시아의 우크라이나 침공 이후 북한이 미국 본토를 타격할 수 있는 ICBM을 시험발사해도 러시아와 중국의 반대로 유엔안보리에서 대북제재가 일절 채택되지 못하고 있다. 그러므로 한국이 국가 생존을 위해 독자 핵무장을 결정한다고 해도 미국은 유엔안보리에서 한국에 대한 제재가 채택되는 것을 반대할 수밖에 없는 상황이다. 결국 러시아의 우크라이나 침공 이후 벌어진 국제 핵비확산체제의 심각한 균열로 인해 북한은 핵과 미사일 능력의 급속한 고도화를 실현할 수 있게 되었고, 한국도 국제사회의 초강력 제재에 대한 두려움 없이 독자적 핵무장으로 나아갈 수 있는 근본적으로 새로운 환경이 조성되었다.

2023년 6월 16일 푸틴 러시아 대통령은 제25회 상트페테르부르그 국제경제포럼 연설에서 러시아의 전술핵무기 일부를 벨라루스에 배치했으며 연말까지 추가 배치할 예정이라고 발표했다. 이미 3월에 러시아와 벨라루스 양국은 러시아 전술핵의 벨라루스 배치에 합의했고, 5월에는 양국 국방부 장관이 전술핵 배치에 관한 협정을 체결했다. 러시아는 핵탄두 적재가 가능한 이스칸데르Iskander 단거리 탄도미사일을 벨라루스에 제공하고, 벨라루스 전투기가 핵탄두를 탑재할 수 있도록 지원하기로 했다. 핵탄두는 구 소련 시절 벨라루스에 건설된 핵무기 저장 시설을 개보수해 보관하기로 했다. 이 같은 러시아의 신속한 전술핵 배치는 핵비확산체제의 균열이 더욱 커지고 있음을 보여주는 사례다.[7]

8. 북미 적대관계 완화와 남북관계 정상화

북한은 한국이 비핵국가이기 때문에 그들의 상대가 되지 않는다고 보고 핵보유국인 미국하고만 상대하겠다는 입장이다. 그래서 미 본토를 타격할 수 있는 ICBM 개발을 계속 진척시키고 있고, 핵추진잠수함 개발까지 추진하고 있다. 그러므로 북한이 핵과 미사일 능력을 고도화할수록 북미 간의 적대관계는 심화될 수밖에 없고, 남북관계도 더욱 악화될 전망이다.

그러나 한국이 핵을 보유하고 있으면 북한은 멀리 있는 미국의 핵보다 가까이 있는 남한의 핵을 더욱 신경 쓸 수밖에 없고 우발적 핵전쟁을 예방하기 위한 남북한 군비통제를 거부할 수 없게 되어 북미 간의 적대관계는 상대적으로 완화될 가능성이 크다. 그리고 한국 정부가 북한과의 핵 감축 협상을 통해 북한의 핵실험과 ICBM 시험발사 중지, 북한의 단계적 핵 감축, 국제사회의 대북제재 완화, 북미관계 개선 등을 끌어낼 수 있다면 그에 따라 금강산 관광 재개와 개성공단 재가동으로부터 시작해 안정되고 지속 가능한 남북관계 정상화를 실현할 수 있을 것이다.

북한이 2021년 5월 12일 공개한 김정은의 2018~2019 정상외교 화보집 《대외관계발전의 새시대를 펼치시어》를 보면 북미정상회담의 성사에 크게 기여한 문재인 대통령의 얼굴을 그 어느 곳에서도 찾아볼 수 없다. 북한이 대외관계에 남북관계를 포함하고 있지 않다고 해도 2019년 6월 판문점에서 김정은 국무위원장과 트럼프 대통령이 만

〈사진 1-1〉 북한 공개 사진에서 사라진 문재인 대통령
* 자료: 〈로동신문〉, 2019.7.1.; 《대외관계발전의 새시대를 펼치시어》(평양, 외국문출판사, 2021).

나는 자리에 문재인 대통령도 분명히 함께 있었다. 그런데 이 화보집은 김 위원장과 트럼프 대통령, 문 대통령이 같이 걸어가는 사진에서 문 대통령을 의도적으로 삭제했다. 이는 2019년 7월 1일 자 〈로동신문〉 3면에 게재된 사진과 2021년 발간된 화보집에 수록된 동일한 2개의 사진을 비교해 보면 명확하게 확인된다.

2018년 북미정상회담이 성사되는 데 문재인 대통령이 매우 중요한 역할을 했고, 당시에는 김정은도 문 대통령에게 깊은 감사를 표현했다. 하지만 2019년 2월 하노이 북미정상회담의 결렬 이후 북한이 남한의 역할을 철저하게 무시하고 있다는 점을 진보 세력은 매우 심각하게 받아들여야 한다. 한국의 진보 세력이 나중에 다시 집권하더라도 이처럼 북한에 무시당하지 않으려면 남북 핵 균형이 반드시 필요하다.

9. 미중전략경쟁 시대 한국의 자율성 확보와 세계 다극화 추세에의 대비

영국 정부가 2021년 3월 공개한 '경쟁 시대의 글로벌 영국Global Britain in a competitive age'이라는 제목의 새로운 외교·국방정책 전략 문건은 "국가 내부와 국가들 및 지역 간 세계 정치적·경제적 힘의 분배는 계속해서 변할 것"이라며 "2030년까지 세계는 더욱 다극화할 것이고, 지정학적·경제적 무게중심은 동쪽의 인도태평양으로 옮겨갈 가능성이 크다."라고 평가했다.

현재의 인구와 영토, 경제와 군사력 규모를 고려할 때, 한국은 이제 더는 약소국弱小國이 아니다. 한국이 강대국强大國이 될 수는 없겠지만, 현재 '중강국中强國, advanced middle power' 또는 '강중국强中國'의 위상을 가지고 있다고 볼 수 있다. 한국은 2018년에 처음으로 1인당 국민총소득이 3만 달러를 넘어서면서 30-50클럽(1인당 국민총소득 3만 달러 이상, 인구 5,000만 명 이상의 조건을 만족하는 국가)에 들어갔다. 이는 미국과 일본, 독일 등에 이어 세계 7번째다. 2020년 한국은 세계 수출 7위, 교역 9위를 차지했다. 우리나라 1인당 국내총생산GDP은 처음으로 G7 국가인 이탈리아를 뛰어넘은 것으로 나타났다. 글로벌파이어파워GFP가 매년 발표하는 '세계 군사력 순위'에 따르면, 한국은 재래식 무기 분야에서 2020년부터 2023년까지 세계 6위를 차지했고, 일본은 2020년부터 2022년까지의 평가에서는 세계 5위를 차지했으나 2023년 평가에서는 세계 7위로 하락했다. 즉, 현재는 한국이 재래식 무기 분야에서 일본보다 우위에 있다.[8]

한국은 이처럼 '중강국中强國'의 위상을 가지고 있지만, 안보를 미국에 크게 의존하는 한 갈수록 치열해지는 미중전략경쟁에서 무조건 미국 편에 서지 않을 수 없다. 그 결과 한국은 '외교소국外交小國'의 처지에서 계속 벗어나지 못하게 될 것이다.

세계가 다극화의 방향으로 나아가고 있고, 미국의 '세계경찰' 역할이 점차 축소될 수밖에 없는 상황에서 자국의 안보를 미국에 거의 전적으로 의존하는 것은 바람직하지 않다. 만약 한국이 자체 핵무기를 보유하게 된다면, 과거 프랑스가 핵무장 후 소련 및 동유럽 국가들과 관계를 개선하고 미국과 소련의 긴장 완화를 위해 적극적으로 노력할 수 있었던 것처럼, 한국 정부도 미중 간의 데탕트를 위해 노력하면서 실리외교를 전개할 수 있을 것이다.

유럽에서 1949년에 북대서양조약기구(NATO, 이하 나토)라는 집단방위기구가 창설되었음에도 불구하고 프랑스의 샤를 드골Charles de Gaulle 대통령이 자체 핵 보유를 추진했던 데는 자국의 안보를 나토에 크게 의존하는 한 미국에의 외교적 종속에서 벗어나기 어렵다는 점이 하나의 중요한 배경으로 작용했다. 이와 관련해 드골은 자신의 회

〈표 1-1〉 글로벌파이어파워의 세계 군사력 순위 평가 (2020~2023)

군사력 순위				
순위	2020년	2021년	2022년	2023년
1위	미국	미국	미국	미국
2위	러시아	러시아	러시아	러시아
3위	중국	중국	중국	중국
4위	인도	인도	인도	인도
5위	일본	일본	일본	영국
6위	대한민국	대한민국	대한민국	대한민국
7위	프랑스	프랑스	프랑스	일본
8위	영국	영국	영국	파키스탄
9위	이집트	브라질	파키스탄	프랑스
10위	브라질	파키스탄	브라질	이탈리아
11위	튀르키예	튀르키예	이탈리아	튀르키예
12위	이탈리아	이탈리아	이집트	브라질
13위	독일	이집트	튀르기예	인도네시아
14위	이란	이란	이란	이집트
15위	파키스탄	독일	인도네시아	우크라이나
16위	인도네시아	인도네시아	독일	호주
17위	사우디아라비아	사우디아라비아	호주	이란
18위	이스라엘	스페인	이스라엘	이스라엘
19위	호주	호주	스페인	베트남

자료: 글로벌파이어파워 홈페이지 (https://www.globalfirepower.com/countries-listing.php)

고록에서 나토의 조직으로 인해 "미국이 유럽 동맹국들의 국방은 물론 정치 문제와 영토 문제까지 자유롭게 다룰 수 있게 된 점은 어쩔 수 없는 일이었다."라고 지적했다.[9] 그리고 "나토 가맹국 정부가 백악관과 다른 태도를 취하는 일은 결코 있을 수 없을 것"이라고 언급했다.[10]

1950년대 말 드골 대통령은 독자 핵무장을 추진하면서 동시에 소련과 동구권 국가들 및 중국과의 관계 개선을 추진했다.[11] 당시 프랑스가 미국의 반대에 굴복해 자체 핵 보유를 포기했다면, 이후 프랑스는 미국과 국제정세에 관해 대등하게 논의하지 못하고 다른 나토 국가들처럼 미국의 외교정책을 무조건 따라가야만 했을 것이다. 만약 한국이 프랑스처럼 자체 핵무기를 보유하게 되면 미국도 한국의 입장을 존중하게 되고, 중국도 한국을 더는 '장기판의 졸卒'로 간주할 수 없게 될 것이다.

10. 한국의 외교적 위상 강화

일부 전문가들은 북핵 위협이 커짐에 따라 거세지고 있는 국내 핵무장 여론을 언급하며 "국민의 상당수는 핵무기 보유가 부정적 낙인이 아니라 '강대국 지위를 인정받는 상징'이라고 인식하고 있다."라고 비판한다. 그리고 이들은 "우리가 핵확산금지조약(이하 NPT)을 위반하고 핵무장하면 주변국에 '핵 도미노 현상'을 불러와 NPT 체제 자체가 붕괴되는 신호탄이 될 수 있으므로 북한 사례보다 파장이 훨씬 심각하다."라며 "우방을 비롯한 국제사회로부터 제재가 불가피할 것"이라고 우려를 표명한다.[12]

한국의 국익이나 생존보다 기존 핵보유국들의 기득권 유지 입장에서 한국 핵무장 문제를 바라보는 이 같은 주장에는 상당히 많은 문제점이 있다. 나중에 다시 상세하게 설명하겠지만, 일단 몇 가지 문제점만 지적하자면 다음과 같다. 첫째, NPT 제10조 제1항은 한 국가가 비상사태에 직면해 조약에서 탈퇴하는 것을 권리로서 보장하고 있고, 둘째, 한국이 핵무장하더라도 일본은 국내의 반핵 정서가 워낙 커서 핵무장하기 어렵다(이 책의 제10장 참조). 셋째, 한국이 핵무장할 경우 국제사회의 제재에 직면할 수 있지만, 인도와 파키스탄의 사례를 보더라도 그 제재가 오래 지속될 가능성은 매우 적다.

NPT가 조약 탈퇴 권리를 보장하고 있는데 기존 핵보유국들의 반대가 두려워 자신의 권리조차 포기한다면, 다른 국가들은 겉으로는 칭찬하면서도 속으로는 비웃을 것이다. 독일의 법학자인 루돌프 폰 예링이 그의 저서 《권리를 위한 투쟁》에서 언급한 "권리 위에 잠자는 자는 보호받지 못한다."라는 법언法諺을 떠올리면서 말이다.

프랑스와 인도는 기존 핵보유국들의 반대에도 불구하고 자체 핵보유를 추진해 성공했다. 일시적으로는 그들에게 '부정적 낙인'이 찍혔을 수도 있지만, 곧 그들은 미국과 기존 핵보유국들로부터 존중받는 위치에 올라서게 되었다. 드골 대통령은 자신의 회고록에서 다음과 같이 프랑스의 자체 핵 보유 후 외교적 위상의 변화를 설명하고 있다.

> 나는 케네디와의 회담을 통해서 미국이 프랑스를 대하는 태도가 확실히 달라졌음을 알게 되었다. 그를 통해서 나는 워싱턴과 파리를 연결하는 전통적 우호관계를 제외하고 이미 미국은 프랑스를 과거의 프랑스로 취급하지 않고 있음을 알 수 있었다. 지난날의 워싱턴은 파리를 나토나 동남아시아조약기구SEATO [13], 국제통화기구IMF 등 집단기구 내의 한 회원국에 불과한, 미국의 피보호국 정도로 취급해 왔다. 그런데 이제 미국이 프랑스의 독자성과 주체성을 인정하고 우리에게 직접 개별적으로 상의해 온다. 그러나 아직 미국의 세력이 절대적으로 우위에 있다는 관념을 케네디와 그 동행자들은 버리지 않고 있었다.
> 결국 케네디가 매사에서 내게 제안한 것은 자기가 기획하는 일에 프랑스가 동의해 주기를 바라는 것이었다. 그가 내게 듣고 싶어 하는 대답은 다름이 아니라 파리는 워싱턴과 긴밀하게 협력하겠다는 약속이었다. 그러나 프랑스는 자기가 하는 일을 독자적으로 하겠다는 점을 일러 주었다.[14]

드골은 또 프랑스의 자체 핵 보유와 자주외교 덕분에 프랑스에 대한 다른 국가들의 호감도도 증가했다고 적고 있다. 그리고 다음과 같이 프랑스가 '활발한 세계정치의 중심지'가 되었다고 지적하고 있다.

> 우리는 프랑스에 대해 새로운 국민의 호감이 쏟아지고 있음을 목격했고, 우리를 비난하던 사람들이 우리에게 우호적이 되기도 했다. 많은 외국 정부가 우리 정부와 좀 더 긴밀한 관계를 맺으려 했고, 끊어졌던 관계를 다시 이으려 했다. 프랑스의 물질적·정신적·외교적 위상의 변화는 파리를 방문하는 사람의 수를 갑자기 증가시켰고, 이런 현상은 날이 갈수록 증가되어, 우리의 수도인 파리를 수 세기 이래 볼 수 없었던 활발한 세계정치의 중심지로 만드는 데 공헌을 하게 되었다.[15]

만약 한국이 북한이나 이란 같은 반미국가라면 핵무장을 할 경우 미국과 서방국가들에 의해 '불량국가'로 낙인이 찍힐 것이다. 그러나 한국은 미국과는 동맹국이고 서방국가들과 매우 우호적인 관계를 유지하고 있으므로 한국이 북한과 같은 대우를 받을 것이라는 주장은 소아적小兒的인 매우 나약한 사고다.

물론 한국이 핵무기를 보유하게 된다고 해서 자동적으로 프랑스나 인도처럼 국제적으로 존중받는 국가가 되지는 않을 것이다. 따라서 한국은 드골 대통령이 자체 핵 보유 이후 동서유럽 간의 데탕트와 제3세계 국가들의 발전을 위한 지원에 적극적으로 나섰던 사례를 참고할 필요가 있다. 한국이 만약 자체 핵무기를 보유하게 되면 북한의 핵 위협에서 자유롭게 되어 외교적 활동 공간이 넓어지고, 한국의 국제적 위상에 어울리는 더 활발한 외교활동을 전개할 수 있게 되어 외교적 위상이 지금보다 훨씬 높아질 것으로 예상된다.

11. 진보 세력의 재집권을 위한 가장 확실한 안보정책

노무현 대통령은 드골 대통령을 존경했다. 그는 2004년 6월《드골의 리더십과 지도자론》이라는 저서를 낸 외교통상부 이주흠(전 주 미얀마 대사) 심의관을 대통령리더십비서관으로 발탁할 정도로 드골의 리더십에 큰 관심을 보였다. 윤광웅 당시 국방부 장관은 노 대통령에게 프랑스식 국방 개혁을 추진하겠다는 방침도 보고했다. 미국에 "할 말은 하겠다."라며 각을 세운 노 대통령의 정치 행태는 '위대한 프랑스'를 외치며 미국과 당당히 맞선 드골과 닮은 데가 있었다.[16]

일부 진보주의자들은 한국의 독자적 핵무장 담론에 대해 구체적으로 알아보지도 않고 북한과 '핵전쟁'을 하겠다는 것이냐고 비난한다. 그런데 드골이 자체 핵 보유를 추진했던 것은 핵무기로 소련과 전쟁하기 위해서가 아니었다. 그는 오히려 자체 핵 보유 후 안보에 대한 자신감과 높아진 국제적 위상을 배경으로 소련, 동유럽, 중국과 데탕트를 추구했다.

1950년 북한의 남침으로 3년간 국토가 초토화되고 수많은 인명 피해가 발생한 이후로 남북한 간의 적대의식이 심화되면서 남북화해협력을 지향하는 진보 진영은 심각한 타격을 입었고 공안 탄압의 대상이 되기도 했다. 그 결과 6·25 전쟁이 발생한 지 48년이 지난 1998년에 가서야 비로소 진보적인 민주정부가 출범했다. 그런데 만약 한국의 진보 진영이 독자적 핵무장을 통해 남북 핵 균형을 실현하지 못하고 북한의 오판에 의한 핵 사용을 막지 못한다면, 진보 진영은 다시 수십 년간 집권하지 못하고 공안 탄압의 대상이 될 수도 있다.

남북한 사이에서 힘의 균형, 즉 핵 균형은 한반도에서 제2의 전면전이나 핵전쟁을 예방하고 공고한 평화로 나아가기 위한 필요조건이지만, 충분조건은 아니다. 한반도에 평화의 새 시대가 열리기 위해서는 남북평화공존과 화해협력을 위한 정책과 노력도 반드시 필요하다. 그러므로 남북화해협력을 지향하는 진보 정권이 핵을 보유하고 남북화해를 추진한다면 안보와 평화의 두 마리 토끼를 모두 잡을 수 있을 것이다.

진보가 재집권하려면 자신을 중도 및 합리적 보수라고 생각하는 국민의 마음을 잡아야 한다. 이를 위해서는 안보에서 진보가 보수보다 적극적이고 유능한 모습을 보여야 한다. 북한이 비핵화 협상에 다시 나서지 않겠다는 입장이고, 그들이 정한 일정표대로 핵과 미사일 능력을 고도화하고 있는 상황에서 진보가 실현 가능성이 희박한 '비핵·평화'에 계속 매달린다면 진보에 또다시 국가의 미래를 맡길 수 없을 것이다.

12. 미래세대의 북핵에 대한 불안감 해소와 교육·복지 예산 확대

한국의 기성세대는 미래세대에게 계속 머리에 핵을 이고 살게 할 것인지 심각하게 고민할 필요가 있다. 기성세대가 국제사회의 제재에 대한 과도한 우려로 자체 핵 보유 결단을 내리지 못하는 동안 북한의 핵과 미사일 능력은 갈수록 고도화되면서 한국의 미래세대 안전을 더욱 위협할 것이다. 만약 가까운 미래에 남북한 간의 우발적인 무력 충돌 또는 북한의 오판에 의해 한국이 핵무기로 공격을 받는다면 우리의 미래세대는 핵에 대한 공포와 트라우마에서 평생 벗어나지 못할 것이다.

출산율 급감에 따라 연간 22만 명 수준이었던 한국군 입영 대상(20세 남성 기준)은 2040년에는 13만 명 수준으로 줄어들 전망이다. 그런데 한국이 북핵에 계속 재래식 무기로만 대응하려면 병력 감축도 어려워 결국 청년들의 군 복무기간 연장이 불가피하다. 그러므로 미래세대의 안전과 행복을 위해서도 너무 늦지 않게 자체 핵 보유 추진이 반드시 필요하다.

한국의 핵 개발과 핵무기 운용에는 상당한 예산이 들어갈 수 있다. 하지만 한국이 핵무기를 보유하게 되면 재래식 무기 개발과 운용 그리고 미국 무기 수입에 들어가는 천문학적 예산을 오히려 줄일 수 있다. 그러므로 국방예산을 감축할 수 있을 것이며, 감축한 예산을 청년들의 교육과 복지 그리고 노년층 복지에 전용轉用할 수 있을 것이다.

북한 비핵화의 실패 원인과 장애 요인[17]

북한 비핵화를 위한 한국과 국제사회의 노력이 실패한 원인 및 장애 요인으로는 ① 북한의 강력한 동맹 부재와 국제적 고립, ② 재래식 군사력과 경제력에서 북한의 대남 열세, ③ 한국의 정교한 대북협상전략 부재, ④ 북미 간의 뿌리 깊은 불신과 미국의 정교한 협상전략 부재, ⑤ 북한의 미중전략경쟁 이용과 북핵 문제에 대한 중국의 관망적 태도, ⑥ 핵을 포기한 우크라이나의 운명이 북한에 주는 교훈과 북·러 밀착, ⑦ 김정은의 핵강국 건설 의지와 핵·미사일 능력 고도화 목표 등을 들 수 있다. 이처럼 북한 비핵화를 어렵게 하는 장애 요인들이 너무 많다. 따라서 한국 정부는 북한이 공개적으로 거부하고 있고 실현 가능성이 희박한 북한의 '완전한 비핵화'보다 북한의 핵 위협에 대한 확실한 억지력 확보에 집중하는 것이 바람직하다. 한국과 미국 정부는 북한이 핵무기를 포기하게 하는 것이 인도와 파키스탄 및 이스라엘이 핵무기를 포기하도록 하기만큼이나 어렵다는 사실을 냉정하게 인식할 필요가 있다.

1. 북한의 강력한 동맹 부재와 국제적 고립

한국은 안보를 한미동맹에 크게 의존하고 있지만, 북한은 1991년 소련의 해체 이후 그들의 군사력 강화를 지원해 줄 강력한 동맹이 없고 자주국방 노선에 의거해 국방력을 강화해 왔기 때문에 중국조차도 북한에 대해 매우 제한적인 영향력을 가지고 있다. 이와 관련해 이상만 경남대학교 극동문제연구소 교수는 중국이 북한을 동맹국이라서 지원해 왔던 것이 아니라 "북한이 붕괴하면 자국의 안보를 위한 완충지대가 없어지는 것을 우려하여 북한을 지원해 온 것"이라고 지적한다.[18]

일부 전문가들은 북중동맹조약에는 북한이 침략을 당하면 중국은 즉각 개입하도록 자동개입 조항이 명시되어 있지만, 한미동맹에는 자동개입 조항이 없어 북중동맹이 한미동맹보다 훨씬 강력한 동맹이라고 주장한다. 1961년 7월 11일 베이징에서 체결된 〈조선민주주의인민공화국과 중화인민공화국 간의 우호, 협조 및 호상원조에 관한 조약〉의 제2조에는 "체약(조약 체결) 일방이 어떤 한 개의 국가 또는 몇개 국가의 연합으로부터 무력 침공을 당함으로써 전쟁 상태에 처하게 되는 경우에 체약 상대방은 모든 힘을 다하여 지체 없이 군사적 및 기타 원조를 제공한다."라고 명시되어 있다.[19] 이 조항과 관련해 한국의 전문가 다수는 북한이 침략을 당할 경우 중국이 북한에 병력을 파견해야 하는 것으로 해석하는 경향이 있다. 그러나 내가 직접 만났던 중국의 한반도 전문가 다수는 중국이 제공할 '군사적 원조'의 형태로 병력 파견보다는 군사물자 지원의 가능성을 더욱 높게 보았다. 다만, 한미연합군이 비무장지대DMZ를 돌파해 북진할 경우에는 6·25 전쟁 때처럼 중국인민해방군이 개입할 가능성이 크다.

북한과 중국 간에는 한미연합군사령부와 같은 긴밀한 군사협력 체제도 연합군사훈련도 전혀 없다. 그러므로 북한은 핵을 포기하는 순간 초강대국 미국과 재래식 무기 분야에서 압도적 우위에 있는 남한을 상대해야 하는 매우 열악한 군사적 상황에 놓이게 된다.

1992년 한중 수교 전 김일성은 중국을 방문해 덩샤오핑에게 북미 수교가 이루어질 때까지 기다려 달라고 요청했으나 중국은 이를 무시했다. 그리고 한소 및 한중 수교 이후에도 북미 및 북일 수교가 이루어지지 못함으로써 북한과 한·미 간의 군사적 대결 상태는 지속되고 북한은 국제사회에 편입되지 못했다. 북한은 이 같은 국제적 고립 상황에서 체제 생존을 위해 핵 개발에 더욱 집착하지 않을 수 없게 되었다. 그리고 북한의 핵과 미사일 능력 고도화로 북미관계 개선이 더욱 어렵게 되는 악순환이 반복되고 있다.

2. 재래식 군사력과 경제력에서 북한의 대남 열세

미국의 군사력 평가기관 '글로벌파이어파워'가 분석한 2022년 세계 군사력 순위를 보면, 핵무기를 제외한 재래식 전력 기준으로 한국은 6위를 차지한 반면, 북한은 30위를 차지했다.[20] 그런데 글로벌파이어파워가 분석한 2023년 세계 군사력 순위에서는 한국은 6위를 유지한 반면, 북한은 34위로 순위가 내려갔다.[21] 북한은 유엔안보리의 대북제재와 외화 부족으로 중국이나 러시아로부터 첨단 재래식 무기를 구입할 수 없어 재래식 무기 분야에서 남한과 경쟁할 수 없는 상황이다. 게다가 통계청이 2020년 12월 28일 발표한 〈2020 북한의 통계지표〉에 따르면, 2019년 북한의 국내총생산GDP은 35조 3,000억 원으로 남한(1,919조 원)의 1.8% 수준이다.[22] 이처럼 재래식 무기와 경제력에서 압도적 대남 열세에 놓여 있는 북한으로서는 핵무기가 남한과의 군사력 격차를 좁히고 오히려 남한을 공포에 떨게 할 수 있는 거의 유일한 수단인 셈이다.

3. 한국 정부의 정교한 대북 협상전략 부재

이명박 정부와 박근혜 정부는 북한이 수용할 가능성이 전무한 '선先비핵화' 요구에 매달림으로써 전략 부재를 드러냈다. 문재인 대통령도 북한과 미국 모두 수용할 수 있는 정교한 비핵화전략을 수립해 제시하지 못하고 트럼프 대통령과 김정은 위원장 간의 정상회담 성사에만 매달린 나머지 김정은으로부터 "오지랖 넓은 중재자, 촉진자 행세를 그만두라."라는 쓴 소리를 들어야 했다.[23]

북한의 안보정책에서 핵무기가 핵심적인 위치를 차지하기 때문에 국제사회가 북한의 핵 포기를 기대하기는 어렵다. 그런데도 문 대통령과 그의 참모들은 김정은 위원장과 트럼프 대통령이 만나 결단을 내리면 북한 비핵화가 신속하게 진전될 수 있을 것처럼 매우 안이하게 판단했다. 비핵화 문제에 대한 북한의 접근과 미국의 접근 간에 좁히기 어려운 입장 차이가 존재한다는 사실이 2019년 2월 하노이 북미정상회담의 결렬로 확인되었지만,[24] 문재인 정부는 북·미 모두 수용 가능한 정교한 해법과 전략을 마련하기 위한 태스크포스T/F도 만들지 않았다. 북미정상회담이 결렬로 끝났다면, 남·북·미·중 정상이 참가하는 4자회담을 통해 돌파구를 모색할 수도 있었겠지만, 문재인 정부는 북한이 거부하는 남·북·미 3자회담에만 집착함으로써 귀중한 시간을 허비했다.

결국 문재인 대통령의 순진한 접근과 전략 부재로 인해 그가 주창했던 '한반도 평화 프로세스'의 성공은 현실적으로 기대하기 어려운 것이었다. 문 대통령은 또한 '종전선언'이 비핵화로 들어가는 '입구'가 될 수 있다고 종전선언의 필요성을 강조하면서도 중간 단계와 '출구'에 대해서는 구체적으로 설명하지 못하는 비전략적 태도를 드러냈다.

4. 북미 간의 뿌리 깊은 불신과 미국의 정교한 협상전략 부재

2018년 7월 북미고위급회담에서 폼페이오 미 국무장관은 처음부터 북한에 핵 리스트 제출을 요구했고, 북한은 이에 대해 '강도적인 비핵화 요구'라고 비난하면서 강력하게 반발했다.[25] 폼페이오 장관은 비핵화의 첫걸음으로 핵시설 등의 신고를 요구했는데, 이는 북한이 가장 싫어하는 부분이다. 일단 핵시설이나 핵물질 등을 신고하고 나면 폐기와 관련해서 유연하게 대처할 수 없기 때문이다.

2019년 2월 하노이 북미정상회담에서도 북한은 핵무기 문제는 논외로 하고 영변 핵시설 폐기에 관해서만 논의하겠다는 입장을 보였고, 미국은 '선先 비핵화, 후後 제재 완화 입장'을 고수하면서 북한의 생화학무기 포기까지 요구했다. 이처럼 북미 간의 입장이 평행선을 달린데다 트럼프 행정부 내에서도 대북협상과 관련해 국무장관과 백악관 국가안보보좌관 간의 의견 불일치 등으로 많은 혼선이 빚어졌고, 결과적으로 한미공조도 어렵게 되었다. 미국도 정교한 협상전략 부재를 드러낸 것이다. 만약 하노이 북미정상회담에서 1단계로 영변 핵시설 폐기와 일부 경제제재 해제에 먼저 합의하고, 이후 북한 핵무기 폐기의 진전에 상응해 대북제재 해제, 북미 수교, 한반도 평화협정 체결 등을 교환하기로 합의했다면 북핵 문제가 지금처럼 악화되지는 않았을 것이다.

미국의 대표적인 현실주의 정치학자 존 미어샤이머John Mearsheimer 시카고대학교 석좌교수는 2018년 6월 싱가포르 북미정상회담 개최 전에 트럼프-김정은 간의 정상회담에 대해 비관적인 전망을 피력했다. 미어샤이머 교수는 2018년 3월 23일 이화여자대학교에서 '미국 정부의 대북정책'을 주제로 열린 특별 세미나에서 북미정상회담을 비관적으로 전망하는 이유에 대해 "우리는 (도널드 트럼프 미국 대통령과 김정은 북한 노동당 위원장) 둘이서 결과를 만들어 낼 것이라 생각하지만, 트럼프 대통령은 외교 경험이 없다."라며 "김정은도 마찬가지다. 이렇게 복잡한 문제를 어떻게 협상하는지 알겠는가. 의미 있는 해결책을 내는 협상을 할 능력이 없다고 생각한다."라고 꼬집었다.[26] 그리고 북미정상회담은 결국 미어샤이머 교수가 전망했던 것처럼 실패로 끝나고 말았다.

5. 북한의 미중전략경쟁 이용과 북핵 문제에 대한 중국의 관망적 태도

북한은 2018년부터 미중 간의 전략경쟁을 매우 능숙하게 활용했다. 김정은 집권 이후 6년간이나 정상회담을 거부해 왔던 시진핑 중국 공산당 중앙위원회 총서기는 2018년 북한의 대미 접근이 본격화되자 북미정상회담을 전후해 다섯 차례나 김정은과의 정상회담에 응했다.[27] 이후 중국은 대북제재에 소극적인 태도로 바뀌었고, 이는 북한이 하노이 북미정상회담의 결렬 이후 다시 핵과 미사일 능력의 고도화로 나아갈 수 있게 했다.

미중전략경쟁의 격화로 현재 중국은 북한 비핵화와 관련한 미국의 협조 요구에 부정적인 태도를 보이고 있다. 2022년 중국은 북한의 ICBM 시험발사 후 유엔안보리에서 대북제재 채택에 반대했고, 오히려 대북제재 완화를 요구하고 있는 실정이다. 대북제재의 수준과 관련해서도 중국은 "북한과 관련한 조치들이 북한의 민생과 정상적인 경제무역행위에 영향을 주어서는 안 된다."라는 입장이다. 또한 제재의 최종 목표는 북한을 문제 해결을 위한 협상 테이블에 앉히는 것이라고 주장하면서 대북제재 강화에 반대하고 있다.[28]

중국은 북핵 문제를 북미 간의 문제로 간주하면서 적극적인 개입을 회피하고 있다. 그리고 쌍중단(雙中斷, 북한 핵·미사일 시험과 한미연합훈련 동시 중단)과 쌍궤병행(雙軌竝行, 한반도 비핵화 협상과 북미 평화 협상의 병행) 원칙만 반복적으로 주장하면서 그 이상의 구체적인 대안은 제시하지 않고 있다.

6. 핵을 포기한 우크라이나의 운명이 북한에 주는 교훈과 북·러 밀착

우크라이나는 구 소련의 해체로 독립할 때 핵탄두 1,900개, ICBM 176기, 전략폭격기 44대 등을 보유했던 세계 3대 핵보유국이었다. 그러나 우크라이나는 1994년 미국과 러시아 등 유엔 상임이사국들의 압력으로 부다페스트 양해각서Budapest Memorandum를 체결해 1996년까지 러시아에 모든 핵무기를 반환하고 크림반도를 포함한 영토 보전과 주권 보장을 약속받았다. 이 양해각서는 구 소련에서 독립한 우크라이나·카자흐스탄·벨라루스 등이 NPT에 가입하고 핵무기를 포기하는 대가로 주권과 안보, 영토적 통합성을 보장받는 내용을 담고 있다. 러시아·미국·영국이 이 협정에 서명했고, 프랑스와 중국도 일정 정도의 보증을 약속했다. 그러나 러시아가 2014년에 크림반도를 합병하고 2022년 2월 우크라이나를 전면 침공했지만, 주권 보장을 약속했던 미국은 무기만 지원할 뿐 직접 개입을 꺼리고 있다.[29]

1993~2001년 미 대통령을 지낸 빌 클린턴은 2023년 4월 아일랜드 RTE 방송과 한 인터뷰에서 우크라이나가 여전히 핵을 보유하고 있었으면 러시아가 우크라이나를 침공하지 못했을 것이라며 재임 시절 우크라이나에 핵무기를 포기하도록 설득한 데 대해 후회감을 표시했다. 클린턴 전 대통령은 보리스 옐친 전 러시아 대통령, 레오니트 크라프추크 선 우크라이나 대통령 등과 함께 우크라이나의 핵 포기 협정인 부다페스트 양해각서 체결을 주도했다. 그는 "그들(우크라이나)이 핵무기 포기에 동의하도록 설득했기 때문에 개인적인 책임을 느낀다."라면서 "우크라이나가 계속 핵무기를 가지고 있었다면 러시아가 이 같은 어리석고 위험한 일을 하지 못했을 것"이라고 말했다.[30]

핵확산금지조약 체제는 핵보유국이 비핵국가를 핵무기로 공격하지 않을 것이라는 전제에 기반을 두고 있다. 그러나 푸틴 대통령이 자발적으로 비핵화를 선택한 우크라이나를 핵무기로 위협함으로써 NPT 체제의 근간을 허물었다. 이처럼 핵을 포기한 우크라이나를 러시아가 침공하고 핵무기로 위협함으로써 북한은 핵을 포기하면 우크라이나와 같은 운명에 처할 수 있다고 판단하고 절대로 핵을 포기하지 않으려 할 것으로 예상된다.

2022년 3월 2일 유엔이 긴급특별총회를 열어 동년 2월 러시아의 우크라이나 침공을 규탄하고 즉각 철군을 요구하는 내용의 결의안을 채택했는데, 이때 중국과 인도, 이란 등은 기권했고 북한은 벨라루스, 시리아 등과 함께 반대표를 던졌다. 북한은 또한 시리아, 쿠바 등과 함께 긴급특별총회에서 러시아를 지지하는 발언을 했다. 이 같은 러시아와 북한의 밀착으로 인해 이후 북한이 신형 ICBM을 시험발사했을 때도 유엔안보리는 러시아와 중국의 반대로 대북제재는커녕 의장성명도 채택하지 못했다. 그 결과 북한은 대북제재에 대한 두려움 없이 자유롭게 ICBM을 시험발사할 수 있게 되었고, 향후 제7차 및 제8차 핵실험도 단행할 수 있을 것으로 예상된다.

7. 김정은의 핵강국 건설 의지와 핵·미사일 능력 고도화 목표

북한은 김정은이 '국가핵무력'을 완성하고 북한을 '전략국가'의 지위에 올려놓았다고 선전한다. '국가핵무력 완성'이 북한에서 김정은의 최대업적으로 선전되고 있기 때문에 현실적으로 김정은의 핵 포기 결단을 기대하기는 어렵다.[31] 김정은은 2022년에 그의 '가장 사랑하는 자제' 김주애를 대륙간탄도미사일 시험발사 현장에 참관시킨 데 이어 핵탄두 탑재가 가능한 미사일 무기고 시찰에까지 동행하게 하고 그 사진을 일반에 공개했다. 이는 북한이 '절대로' 핵무기를 포기

하지 않을 것이며 북한의 핵과 미사일 개발은 그의 후대에도 계속 이어질 것임을 시사하는 것이다.[32]

2020년 1월 1일 북한은 〈조선중앙통신〉을 통해 장문의 '조선로동당 중앙위원회 제7기 제5차 전원회의에 관한 보도'를 발표했다. 이 보도에 의하면, 김정은은 2019년 말에 개최된 당중앙위원회 전원회의에서 "우리는 우리 국가의 안전과 존엄 그리고 미래의 안전을 그 무엇과 절대로 바꾸지 않을 것임을 더 굳게 결심하였다."라고 밝혔다. 이는 다시 말해 북한의 전략무기를 제재 완화나 다른 것과 바꾸지 않겠다는 것이다. 또한 김정은은 "핵문제가 아니고라도 미국은 우리에게 또 다른 그 무엇을 표적으로 정하고 접어들 것이고 미국의 군사적·정치적 위협은 끝이 나지 않을 것"이라고 수장함으로써 미국과의 '비핵화 협상 무용론'을 재강조했다.[33]

북한의 대미 및 대남정책을 관장하는 김여정 당중앙위원회 부부장도 2020년 7월 10일 담화를 통해 미국과 더는 협상할 의사가 없음을 명확히 했다. 김여정은 위의 담화를 통해 "2019년 6월 30일 판문점에서 조미수뇌회담이 열렸을 때 우리 위원장(김정은) 동지는 북조선 경제의 밝은 전망과 경제적 지원을 설교하며 전제조건으로 추가적인 비핵화 조치를 요구하는 미국 대통령에게 화려한 변신과 급속한 경제번영의 꿈을 이루기 위해 우리 제도와 인민의 안전과 미래를 담보도 없는 제재 해제 따위와 결코 맞바꾸지 않을 것이고, 미국이 우리에게 강요해 온 고통이 미국을 반대하는 증오로 변했으며 우리는 그 증오를 가지고 미국이 주도하는 집요한 제재봉쇄를 뚫고 우리 식대로, 우리 힘으로 살아나갈 것임을 분명히 천명하시였다."라고 밝혔다. 그리고 "이후 우리는 제재 해제 문제를 미국과의 협상의제에서 완전 줴던져버렸다."라고 주장했다.[34]

이런 입장은 이후 김정은의 연설 등을 통해서도 재확인되었다. 2021년 1월 5일부터 12일까지 개최된 노동당 제8차 대회에서 김정은은 '국가 핵무력 건설 대업의 완성'을 2016년 노동당 제7차 대회 이후 '당과 혁명, 조국과 인민 앞에, 후대들 앞에 세운 가장 의의 있는 민족사적 공적'으로 평가했다. 김정은은 기존의 핵무력 완성에 만족하지 않고 전술핵무기 개발과 초대형 핵탄두 생산을 계속하며 핵 선제 및 보복타격 능력을 고도화하겠다는 목표도 제시했다. 그리고 수중 및 지상 고체발동기(엔진) 대륙간탄도로케트ICBM 개발 사업도 계획대로 추진하며 핵잠수함과 수중발사 핵전략무기를 보유하기 위한 과업을 당 대회에 상정했다. 또한 김정은은 향후 "대외정치 활동을 우리 혁명 발전의 기본 장애물, 최대의 주적인 미국을 제압하고 굴복시키는 데 초점을 맞추고 지향시켜 나가야 한다."라고 주장함으로써 미국에 대해 '최대의 주적主敵'이라는 매우 강경한 표현을 사용했다.[35] 북한은 이후 노동당 제8차 대회에서 제시한 목표를 하나씩 그들의 일정표대로 이행하고 있다.

2022년 12월 26일부터 31일까지 개최된 노동당 중앙위원회 제8기 제6차 전원회의 확대회의에서 김정은은 핵무력 강화의 중요성을 강조하면서 북한의 핵무력은 전쟁 억제와 평화 안정 수호를 '제1의 임무'로 간주한다고 주장했다. 그러나 억제 실패 시 '제2의 사명'도 결행하게 될 것이며, 제2의 사명은 분명 '방어가 아닌 다른 것'이라고 밝힘으로써 전쟁 발발 시 무력통일 시도로 연결될 수 있음을 시사했다. 김정은은 당중앙위원회 전원회의에서 '전술핵무기 다량 생산'과 핵탄두 보유량을 '기하급수적으로' 늘리는 것을 기본 중심 방향으로 하는 '2023년도 핵무력 및 국방 발전의 변혁적 전략'을 천명했다.[36]

이처럼 북한의 비핵화를 어렵게 하는 장애 요인은 너무 많다. 따라서 한국 정부는 북한이 공개적으로 거부하고 있고 실현 가능성이 희박한 북한의 '완전한 비핵화'보다는 북한의 핵 위협에 대한 확실한 억지력 확보에 집중하는 것이 바람직하다. 한국과 미국 정부는 북한이 핵무기를 포기하도록 하는 것이 인도와 파키스탄 및 이스라엘이 핵무기를 포기하도록 하기만큼이나 어렵다는 사실을 냉정하게 인식할 필요가 있다.

존 미어샤이머 시카고대학교 석좌교수가 2019년 3월 19일 조지타운대학교가 개최한 토론회에 참석해 밝힌 것처럼 북한은 핵을 절대로 포기하지 않을 것이고 북한과의 비핵화 협상은 '엄청난 시간 낭비'일 수 있다. 미어샤이머 교수는 당시 "(북한의 비핵화는) 희망이 없는 상황입니다. 우리는 북한이 가까운 미래에 핵무기를 보유할 것이라는 사실을 받아들여야 하며, 핵전쟁을 막을 수 있는 모든 것을 해야 합니다."라고 강조했다.[37]

제3장

북한의 대남 핵 위협과 한국의 안보 위기

북한은 2022년 4월부터 전술핵무기의 전방 실전배치 의도를 드러냈고, 9월에는 대남 핵 선제타격까지 정당화하는 핵무력정책 법령을 채택했다. 그리고 9월 25일부터 보름 동안 '전술핵무기 운용부대들'을 동원해 한국의 주요 군사지휘시설, 비행장과 항구 등에 대한 타격 모의 훈련을 진행했다. 북한은 유사시 미국의 한반도 개입을 차단하기 위해 미 본토를 타격할 수 있는 ICBM 개발에도 매달리고 있다. 2022년에는 액체연료 ICBM인 화성포-17형 시험발사에 성공했고, 2023년에는 기습 발사가 가능한 고체연료 ICBM인 화성포-18형 시험발사에서 중요한 진전을 보이고 있다. 북한의 핵무기 보유량도 2030년에는 166발 이상으로, 많게는 200발 정도까지 증가할 것으로 전망된다. 북한은 2022년 6월에는 한국의 동부 지역을, 2023년 4월과 8월에는 수도권을 포함한 한국의 서부 지역을 타깃으로 하는 작전지도를 흐릿하게 공개했다. 만약 북한의 전술핵무기가 용산 상공에서 터지면, 대통령실과 국방부, 합동참모본부가 순식간에 지도상에서 사라질 정도의 피해를 입을 것으로 분석되고 있어, 북한의 핵 위협은 우리가 첨단 재래식 무기로 감당할 수 있는 수준을 이미 넘어서고 있다.

1. 북한의 노골적인 대남 핵공격 위협과 미사일 능력 고도화

북한은 2022년 4월 16일 신형 전술유도무기를 함흥 일대에서 동해상으로 두 발 시험발사했다. 이 신형 전술유도무기는 비행 종말 단계에서 요격을 회피하기 위해 '풀업'(pull-up, 활강 및 상승) 기동을 하는 '북한판 이스칸데르'KN-23 단거리 탄도미사일을 4개의 발사관을 갖춘 이동식발사차량TEL에서 발사할 수 있도록 축소 개량한 것으로 추정된다.[38] 북한은 4월 17일 자 〈로동신문〉 1면 상단에 게재된 이와 관련된 기사를 통해 "신형 전술유도무기체계는 전선 장거리 포병부대들의 화력 타격력을 비약적으로 향상시키고 조선민주주의인민공화국 전술핵운용의 효과성과 화력 임무 다각화를 강화하는 데서 커다란 의의를 가진다."[39]라고 설명함으로써 전선포병부대들에 전술핵을 실전배치하겠다는 계획을 공개했다.

북한이 이때 시험발사한 신형 전술유도무기는 비행거리가 110㎞에 달해 개성 인근에서 발사하면 충북 이남 지역의 군부대 등까지 타격권에 들어간다. 신형 전술유도무기의 고도가 25㎞로 탐지된 점도 주목되는 대목인데, 이런 고도에서 전술핵무기가 터지면 핵전자기파NEMP가 발생해 지상의 인명이나 장비에 엄청난 피해를 줄 수 있기 때문이다. 이와 관련해 우리 정부 관계자는 "북한이 전술핵폭탄을 탑재할 수 있는 투발 수단을 30㎞ 이하 고도로 발사하면 지상에서 한국형미사일방어체계KAMD로 요격이 쉽지 않을 것"이라며 "사전에 이를

〈사진 3-1〉 북한의 신형 전술유도무기 시험발사
자료: 〈조선중앙통신〉, 2022.04.17.

탐지하고 무력화할 수 있는 대응책을 계속 발전시켜야 한다."라고 지적했다.[40]

북한은 2022년 9월 8일 '조선민주주의인민공화국 핵무력정책에 관하여'라는 제목의 새 법령(이하 9·8 핵무력정책법령)을 채택해 대남 핵 선제타격까지 정당화했다. 북한은 '9·8 핵무력정책법령'의 제3조 제3항에서 "국가 핵무력에 대한 지휘통제체계가 적대세력의 공격으로 위험에 처하는 경우 사전에 결정된 작전방안에 따라 도발원점과 지휘부를 비롯한 적대세력을 괴멸시키기 위한 핵 타격이 자동적으로 즉시에 단행된다."라고 명시함으로써 한미의 '참수작전'으로 북한 수뇌부가 위험에 처할 경우 즉각적으로 남한에 대한 핵공격을 단행할 것임을 명확히 밝혔다.

'9·8 핵무력정책법령'의 제6조는 북한의 핵무기 사용 조건으로 다음과 같은 5가지 경우를 제시했다.[41]

① 북한에 대한 핵무기 또는 기타 대량살육무기(대량살상무기) 공격이 감행됐거나 **임박했다고 판단되는 경우,**

② 국가지도부나 국가핵무력지휘기구에 대한 적대세력의 핵 및 비핵공격이 감행됐거나 **임박했다고 판단되는 경우,**

③ 국가의 중요 전략적 대상들에 대한 치명적인 군사적 공격이 감행됐거나 **임박했다고 판단되는 경우,**

④ 유사시 전쟁의 확대와 장기화를 막고 **전쟁의 주도권을 장악하기 위한 작전상 필요가 불가피하게 제기되는 경우,**

⑤ 기타 국가의 존립과 인민의 생명안전에 파국적인 위기를 초래하는 사태가 발생해 핵무기로 대응할 수밖에 없는 **불가피한 상황이 조성되는 경우**

2013년에 북한이 채택한 '자위적 핵보유국의 지위를 더욱 공고히 할데 대하여' 법령에서는 북한이 침략이나 공격을 당했을 때만 핵무기 사용을 정당화하고 있었으나,[42] 2022년 법령의 제6조는 이처럼 '적대세력'의 공격이 임박했다고 판단될 경우와 작전상 불가피하다고 판단될 경우에도 핵 선제공격을 정당화하고 있다. 그런데 현실적으로 한미가 대북 공격 계획을 미리 공개하지 않는 한 한미의 공격이 임박했다는 것을 북한이 파악할 방법은 없다. 그리고 북한은 외부의 비핵무기 공격에도 핵무기로 대응하겠다는 입장을 명문화하고 있어 한반도에서 (일부 탈북민 단체들의 대북 전단 살포 등으로 인한) 우발적 군사 충돌 시 재래식 무기 분야에서 남한에 절대적으로 열세에 놓여 있는 북

<사진 3-2> 김정은의 전술핵 운용부대 군사훈련 지도
자료: <로동신문>, 2022.10.10.

한이 핵무기를 사용할 가능성을 배제할 수 없게 되었다.[43]

북한은 2022년 9월 25일부터 10월 9일까지 보름 동안 탄도미사일 발사 등을 진행하고, 노동당 창건 기념일인 10월 10일 <로동신문>을 통해 이는 김정은이 직접 지도한 '전술핵 운용부대들의 군사훈련'이었다고 공개했다. 북한이 그동안 전술핵무기의 전방 실전배치 계획 등을 밝힌 적은 있지만, '전술핵무기 운용부대'를 동원해 군사훈련을 실시한 것은 이때가 처음이었다. 북한은 전술핵무기를 이용해 남한의 주요 군사지휘시설, 비행장과 항구에 대한 타격을 모의한 초대형 방사포와 전술탄도미사일 타격 훈련을 진행했다. 그리고 유사시 미국의 군사적 개입을 차단하기 위해 중장거리 탄도미사일로 일본 열도를 가로질러 4,500km 계선(界線, 일정한 경계가 되는 선) 태평양상의 목표 수역 타격까지 감행했다. 북한은 이처럼 7차례에 걸쳐 진행된 전술핵 운용부대들의 발사훈련을 통해 "목적하는 시간에, 목적하는 장소에서, 목적하는 대상을 목적하는 만큼 타격·소멸할 수 있게 완전한 준비 태세"에 있는 북한 국가 핵전투무력의 현실성과 전투적 효과성, 실전 능력이 남김없이 발휘되었다고 주장했다.[44]

최근 몇 년 동안 북한 열병식에 '화성포-17형' 대륙간탄도미사일ICBM은 대체로 1~4기 정도 등장했는데, 2023년 2월 8일 개최된 인민군 창건 75주년 기념 열병식에서는 무려 10여 기가량 등장했다. 이는 2022년 화성포-17형 ICBM의 시험발사 성공 이후 이 전략무기의 양산체제가 갖추어지고 전국적 배치에 들어갔음을 시사한다.[45]

북한은 또한 고체연료 ICBM인 화성포-18형도 공개했다. 북한은 김일성 생일을 이틀 앞둔 2023년 4월 13일에 김정은이 참관한 가운데 신형 고체연료 ICBM 화성포-18형을 시험발사하고 이를 다음날 〈로동신문〉 등을 통해 공개했다. 북한이 기존의 액체연료가 아닌 발사 준비 시간이 대폭 단축된 고체연료 기반의 ICBM을 시험발사한 것은 이번이 처음이었다.

김정은은 화성포-18형 시험발사를 현지지도하면서 "새형의 대륙간탄도미싸일인 화성포-18형의 개발은 우리의 전략적 억제력 구성부분을 크게 재편시킬 것이며 핵반격 태세의 효용성을 급진전시키고 공세적인 군사전략의 실용성을 변혁시키게 될 것"이라고 그 의의를

〈사진 3-3〉 북한군 열병식에서 화성포-17형 ICBM 공개
자료: 〈로동신문〉, 2023.2.9.

설명했다.[46] 북한이 신형 ICBM에 사용한 고체연료의 장점은 신속성이다. 액체연료는 부식성이 강해 발사 직전 주입해야 하기 때문에 시간이 많이 걸리는 반면, 고체연료는 주입 시간이 필요 없어 미 정찰위

〈사진 3-4〉 북한의 화성포-18형 ICBM 시험발사
자료: 〈로동신문〉, 2023.4.14.

성 감시 등을 피해 은밀하고 기습적인 발사가 가능하다. 따라서 북한의 핵·미사일에 대응하는 방안인 우리의 3축 체계 중 사전징후 포착과 선제대응을 포함하는 개념의 '킬체인Kill Chain'이 사실상 무력화될 수 있다. 결국 화성포-18형 ICBM은 기존의 액체연료 기반 ICBM보다 한미의 안보에 더욱 심각한 위협이 될 전망이다.

김정은은 신형 ICBM을 시험발사하면서 "적들에게 더욱 분명한 안보 위기를 체감시키고 부질없는 사고와 망동을 단념할 때까지 시종 치명적이며 공세적인 대응을 가하여 극도의 불안과 공포에 시달리게 할 것이며, 반드시 불가극복의 위협에 직면하게 만들어 잘못된 저들의 선택에 대하여 후회하고 절망에 빠지게 할 것"[47]이라고 확언했다. 따라서 북한은 앞으로도 화성포-18형 개발에 완전히 성공할 때까지 시험발사를 계속하면서 대미·대남 핵 위협을 높일 것으로 예상된다.

한국은 비핵국가임에도 불구하고 북한이 이처럼 한국에 대해 전술핵무기 사용 훈련까지 실시하고, 핵탄두의 기하급수적 생산을 추진하며, ICBM 능력의 급속한 고도화를 추구하는 것은 북한의 핵무기가 단순한 '억제' 차원을 훨씬 넘어서는 것임을 의미한다. 한국이 독자적 핵무장 옵션을 고려하지 않는다면 북한은 한국군이 그들의 상대가 되지 못한다고 무시하면서 압도적 대남 군사력 우위를 점하기 위해 핵 위협 수준을 계속 높일 것으로 전망된다.

2. 북한의 핵능력과 핵무기 보유량 변화 전망

북한은 2016년 1월에 실시한 제4차 핵실험까지는 미리 사전에 핵실험에 사용할 핵탄두를 공개하지 않았으나 2016년 9월의 제5차 핵실험 및 2017년 9월의 제6차 핵실험 전에는 김정은의 '핵무기 병기화 사업 지도'라는 형식으로 핵실험에 사용할 핵탄두를 미리 공개했다. 북한은 2016년 3월 9일 김정은의 핵무기 병기화 사업 지도를 보도하면서 "핵탄을 경량화하여 탄도로케트에 맞게 표준화·규격화를 실현했다." 라고 주장하고 은색 구형의 물체를 공개했다. 그리고 그로부터 6개월 후인 같은 해 9월 9일 정권 수립 기념일에 제5차 핵실험을 단행했다. 2017년 9월 3일(정권 수립 기념일 6일 전) 오전에는 김정은의 핵무기 병기화 사업 지도를 보도하면서 장구(또는 땅콩) 모양의 수소탄 탄두를 공개하고 당일 제6차 핵실험을 단행했다.

북한이 이처럼 제5차 핵실험 때부터 실험에 사용할 핵탄두를 미

2016.3.9

로동신문

경애하는 김정은동지께서 핵무기연구부문의 과학자, 기술자들을 만나시고 핵무기병기화사업을 지도하시였다

2017.9.3

로동신문

경애하는 최고령도자 김정은동지께서 핵무기병기화사업을 지도하시였다

2023.3.28

로동신문

경애하는 김정은동지께서 핵무기병기화사업을 지도하시였다

〈사진 3-5〉 김정은의 핵무기 병기화 사업 지도에 대한 〈로동신문〉 보도
자료: 〈로동신문〉, 2016.3.9.; 2017.9.3.; 2023.3.28.

리 공개하는 것은 핵탄두 개발에 대한 그들의 자신감을 보여주는 것이다. 북한은 2023년 3월 28일 자 〈로동신문〉을 통해 전술핵탄두의 실물을 처음으로 공개했다. 따라서 이때 공개한 전술핵탄두로 가까운 미래에 제7차 핵실험을 단행할 가능성이 크다.

과거에 북한은 그들의 핵 개발 목적이 미국의 핵전쟁 위협에 대응하기 위해서지 동족인 남한을 겨냥하기 위해서가 아니라고 주장했다. 하지만 2022년부터 북한의 대남 핵·미사일 위협은 더욱 노골화되고 매우 심각한 수준까지 올라갔다. 그리고 북한의 핵무기 보유량도 향후 급속도로 증가할 것으로 예상된다.

2021년 4월 미국의 랜드연구소와 한국의 아산정책연구원이 공동으로 발간한 보고서 〈북핵 위협, 어떻게 대응할 것인가〉는 2027년까지 북한이 핵무기 200개, 대륙간탄도미사일ICBM 수십 발과 핵무기를 운반할 수 있는 한반도 전구급 미사일 수백 발을 보유할 수 있을 것으로 전망했다.[48] 2023년 1월 11일 한국국방연구원의 박용한과 이상규 박사가 발간한 보고서 〈북한의 핵탄두 수량 추계와 전망〉은 현재 북한이 보유한 우라늄 및 플루토늄 핵탄두 수량을 약 80~90여 발 수준으로 평가하고, 2030년에는 최대 166발까지 증가할 것으로 전망했다.[49]

미국과학자연맹FAS은 2023년 3월 28일 세계 핵군사력 지위 지수Status of World Nuclear Forces를 갱신하면서 북한이 현재 30개 이상의 핵탄두를 보유하고 있을 것으로 분석했다. 이는 2022년 9월 이 단체가 발표했던 추정 수치 20~30개보다 높아진 것이다. 미국과학자연맹의 핵 정보 프로젝트 책임자 한스 크리스텐센Hans M. Kristensen은 2023년 4월 4일 자유아시아방송RFA에 "추정치는 확실하진 않지만, 우리는 북한이 조립한 탄두 30여 개와 이에 더해 핵분열 물질을 더 생산할 수 있을 것으로 추정하고 있다."라고 말했다. 그리고 "최근에는 단거리 전술핵 개발을 강조하기로 한 것으로 보인다."라며 "전술무기를 새롭게 추구하는 것은 장거리 무기보다 전쟁 초기에 핵무기를 사용할 가능성이 있다는 의지를 보여줌으로써 한국과 미군에 대한 압박을 강화하려는 시도로 보인다."라고 덧붙였다.[50]

일반적으로 핵무기는 ① 탄두의 위력, ② 투발 수단과 타격 가능 거리, ③ 목표물이나 폭탄의 목적을 기준으로 '전략핵무기'와 '전술핵무기TNW, tactical nuclear weapon'로 구분한다. 이 같은 분류 기준에 의해 탄두의 파괴력이 크고 세계 어느 곳에 있는 목표물이건 공격이 가능하며 주로 대량 파괴나 국가 차원의 억지를 위한 핵무기는 '전략핵무기'로 분류된다. 그리고 탄두의 파괴력이 작고 기본적으로 제한된 작전 지역(전장 등)에서 적 군사력에 대한 공격을 목적으로 하는 핵무기는 '전술핵무기' 또는 '비전략적 핵무기'로 분류된다. 그러나 어떤 종류의 핵무기는 기본적으로 둘 다에 해당할 수 있고, 어떤 투발 수단은 이 분류 기준 사이의 회색지대에 걸쳐 있기 때문에 '전략핵무기'와 '전술핵무기'를 명확히 구분하기 어려운 경우가 많다.[51]

한국군은 《2022 국방백서》에서 북한이 "1980년대부터 영변 등 핵시설 가동을 통해 핵물질을 생산해 왔으며, 최근까지도 핵 재처리를 통해 플루토늄 70여kg, 우라늄 농축 프로그램을 통해 고농축우라늄HEU 상당량을 보유하고 있는 것으로 평가된다."라고 밝혔다. 핵무기(핵탄두) 1기 제조에 플루토늄이 대략 4~8kg이 사용된다는 점을 감

〈그림 3-1〉 미국과학자연맹이 발표한 세계 핵군사력 지도
자료: 자유아시아방송, 2023.4.4.
러시아 5,889(증가), 미국 5,244(감소), 중국 410(증가), 프랑스 290(불변), 영국 225(증가), 파키스탄 170(증가), 인도 164(증가), 이스라엘 90(불변), 북한 30(증가)
출처: https://fas.org/initiative/status-world-nuclear-forces/

안하면 북한은 자체 보유 플루토늄만 가지고도 핵무기 9~18기를 제조할 능력을 보유한 셈이다. 북한은 지난 2010년 11월 지그프리드 헤커Siegfried Hecker 박사 등 미국의 과학자 일행을 영변 핵시설에 초청해 자발적으로 원심분리기 2천 개 등 우라늄 농축 시설을 공개한 적이 있었다. 이 2천 개의 원심분리기로는 연간 약 40kg의 핵무기용 HEU 생산이 가능하다. 그때로부터 13년이 지난 것을 고려하면 현재는 그 시설 규모가 대폭 확대되었고, 영변 외의 다른 장소에서도 HEU를 생산하고 있을 것으로 추정된다. 전문가들은 대체로 북한의 HEU 생산 능력을 연간 130~240kg에 달하는 것으로 보고 있는데, 이는 매년

8~16개의 핵무기 제조가 가능한 양이다. 이렇게 본다면 북한이 무기화했거나 앞으로 할 수 있는 핵물질 총량은 미국과학자연맹이 밝힌 핵탄두 수 30개 이상을 훌쩍 뛰어넘을 것이다.

FAS가 발표한 통계에 따르면, 핵탄두는 러시아가 5,889기로 가장 많고, 미국 5,244기, 중국 410기, 프랑스 290기, 영국 225기, 파키스탄 170기, 인도 164기, 이스라엘 90기 순이다. 따라서 북한이 조만간 이스라엘에 버금가는 핵무기 보유국이 되는 것은 시간문제다.[52] 2023년 1월에 발간된 한국국방연구원 보고서 〈북한의 핵탄두 수량 추계와 전망〉은 현재 북한이 보유한 우라늄 및 플루토늄 핵탄두 수량을 약 80~90여 발 수준으로 평가하고 있으므로, 이에 따르면 북한은 이미 이스라엘과 비슷한 규모의 핵탄두를 보유하고 있는 셈이다.

2022년 12월 26일부터 31일까지 6일간 개최된 노동당 중앙위원회 제8기 제6차 전원회의에서 김정은은 '전술핵무기 다량 생산'과 핵탄두 보유량을 '기하급수적으로' 늘리는 것을 기본 중심 방향으로 하는 '2023년도 핵무력 및 국방 발전의 변혁적 전략'을 천명했다. 김정은이 이와 같이 지시했기 때문에 북한이 전술핵탄두를 이용해 제7차 핵실험을 진행할 필요성이 더욱 커지고 있다.[53] 기존의 핵보유국 사례를 보면 고위력 핵무기는 확실하게 억제 효과가 있지만, 극단적인 상황이 아니고는 실전에서 사용하기 어렵기 때문에 전술핵 개발로 나아갔고 북한도 동일한 방향으로 나아가고 있다.

3. 북한의 대남 작전계획 지도 공개와 핵공격 시 한국의 피해

북한은 2022년 6월 21일부터 23일까지 3일간이나 당중앙군사위원회 제8기 제3차 확대회의를 개최해 국가방위력을 급속히 강화·발전시키기 위한 문제들을 논의하면서 6월 23일 자 〈로동신문〉을 통해 포항을 포함한 한국의 동부 지역을 대상으로 하는 작전계획 지도를 흐릿하게 공개했는데, 그 의도에 주목할 필요가 있다. 북한이 한국의 동부 지역만을 대상으로 작전계획을 수립했을 리는 만무하다. 수도권과 평택 주한미군기지 등을 포함하는 서부 지역에 대한 작전계획도 수립했겠지만, 이는 유사시 북한이 한국의 동부 지역에 먼저 전술핵무기 등을 사용하는 시나리오를 작성했을 수 있음을 시사한다.

남북한 간에 군사적 충돌이 발생했을 때 북한이 한국의 동부 지역을 전술핵무기나 소형화된 핵무기로 공격할 가능성을 고려해야 하는 이유는 다음과 같다.

첫째, 만약 북한이 처음부터 한국의 서해안 지역에 핵무기를 사용하면 중국도 피해를 입을 수 있어 반발할 가능성이 있다.

둘째, 북한이 한국의 동해안 지역에 핵무기를 사용하면 한미가 북한의 동해안 지역 도발원점을 타격한다고 하더라도 평양의 북한 지도부는 타격을 입지 않으면서 한국에는 상당히 큰 민심의 동요를 가져올 수 있을 것이다. 이와 관련해 북한은 미국이 2차 세계대전에서 일본을 항복시킨 방법을 고려하고 있을 수 있다. 미국은 일본을 항복

〈사진 3-6〉 북한의 당중앙군사위원회 제8기 제3차 확대회의와 대남 작전계획 지도 공개
자료: 〈로동신문〉, 2022.6.23.

시키기 위해 처음부터 수도인 도쿄를 핵폭탄으로 공격하지 않고, 히로시마와 나가사키에만 원폭을 투하했다. 하지만 핵무기의 위력에 충격을 받은 일본은 마침내 항복을 선언했다. 이처럼 북한은 서울에서 멀리 떨어진 지방 도시들을 먼저 핵무기로 공격함으로써 한국 정부의 항복을 받아내려 할 수 있다. 김여정이 2022년 4월 5일 담화를 통해 밝힌 것처럼 "전쟁 초기에 주도권을 장악하고 타방(한국)의 전쟁 의지를 소각하며 장기전을 막고 자기의 군사력을 보존하기 위해서 핵전투무력이 동원"될 가능성이 크다.[54]

문제는 남북한 간의 우발적 충돌이 확전으로 연결되어 북한이 핵무기를 사용하더라도 북한이 미 본토를 타격할 수 있는 ICBM을 보유하고 있으므로 과연 미국이 핵무기로 북한을 보복할 수 있을지 의문시된다는 점이다. 북한이 한국의 동해안 도시들을 전술핵으로 공격하면서 '미군이 북한을 공격하면 북한도 핵무기로 미국의 서부 지역 도시를 공격하겠다'라고 위협할 경우, 미 대통령은 한국을 보호하기 위해 북한과의 핵전쟁을 감수해야 할지 심각하게 고민하지 않을 수 없을 것이다.

북한이 처음부터 핵무기로 서울을 공격하지 않고 지방 도시들을 먼저 공격하면서 "미국의 핵무기 사용에 북한도 핵무기로 대응하겠다."라고 위협한다면 한미동맹은 심각한 위기에 직면할 수 있다. 서울에는 미국 대사관뿐만 아니라 중국·러시아 대사관과 많은 외국인이 있으므로 북한은 먼저 외국인들의 철수를 유도한 후 '한국 정부가 항복하지 않으면 서울을 불바다로 만들겠다.'라고 위협할 수도 있다. 북한의 위협이 실행에 옮겨질지 불확실한 상황에서 만약 미국이 평양을 핵무기로 공격하면 북한도 서울과 워싱턴 D. C., 뉴욕을 핵무기로 보복할 것이기 때문에 현실적으로 '선제타격'도 쉽지 않다.

김정은은 노동당 중앙군사위원회 제8기 제3차 확대회의에서 당 중앙군사위원회 부위원장 직을 기존의 1인 체제에서 2인 체제로 개편해 유사시 김정은이 핵 단추를 누르지 못하는 상황이 발생하면 2명의 부위원장 중 한 명이 핵 단추를 누를 수 있게 했다. 이로서 북한 지도부의 생존 및 보복 역량은 더욱 강화되었다. 따라서 미국은 확전을 막기 위해 오히려 한국군을 최대한 자제시키려 할 가능성이 크고, 전시 작전통제권이 없는 한국군은 독자적으로 행동하지 못하고 미국의 결정을 따라갈 수밖에 없는 비참한 상태에 놓일 수 있다.

이 같은 시나리오는 북한이 핵과 미사일 능력을 고도화하고 수소폭탄과 전술핵무기 및 ICBM까지 보유하게 된 상황에서 미국의 확장억제 약속이 유사시 제대로 작동하지 않을 수도 있음을 시사한다. 랜드연구소와 아산정책연구원이 공동으로 발간한 보고서 〈북핵 위협, 어떻게 대응할 것인가〉는 "김정은은 미국의 확장억제를 무너뜨리기 위해 준비하고 있는 ICBM 역량의 상당 부분을 활용해 미군이 북한의 제한된 핵공격에 보복하지 못하도록 할 수 있다."라고 지적하고 "그렇게 되면 한미동맹이 와해될 수도 있을 것"이라고 전망했다.[55]

북한은 2023년 4월 10일 당중앙군사위원회 제8기 제6차 확대회의를 개최하고 다음날 〈로동신문〉에서 이번에는 수도권과 평택 주한미군기지, 계룡대 등을 포함한 한국의 서부 지역에 대한 작전계획 지도도 흐릿하게 여러 사진을 통해 공개했다. 북한은 우리 측의 '평양점령'과 '참수작전' 언급에 대해 강력하게 반발하면서 "적들이 그 어떤 수단과 방식으로도 대응이 불가능한 다양한 군사적 행동 방안들을 마련하기 위한 실무적 문제와 기구편제적인 대책들을 토의했다."라고 밝혔다.[56] 따라서 북한은 앞으로 용산의 대통령실, 평택의 주한미군기지와 계룡대 등을 타격하기 위한 탄도미사일 및 전략순항미사일 발사 훈련, 평택항을 대상으로 하는 '수중핵전략무기(핵어뢰)' 수중폭발 훈련, 모의 핵EMP탄 타격 훈련, 한국의 서쪽 지역에 대한 무인기 침투 등을 단행하면서 이 같은 작전을 뒷받침하기 위한 기구편제 개편도 진행할 것으로 예상된다.

〈사진 3-7〉 북한 당중앙군사위원회 제8기 제6차 확대회의와 대남 작전계획 공개
자료: 〈로동신문〉, 2023.4.11.

북한은 2023년 3월 19일 평안북도 동창리 일대에서 전술핵탄두 탑재가 가능한 단거리 탄도미사일SRBM인 KN-23(북한판 이스칸데르) 1발을 800㎞ 사거리로 발사해 동해 상공 800m에서 모의 핵탄두를 성공적으로 폭파했다고 밝혔다. 그러면서 "핵폭발 조종장치와 기폭장치의 신뢰성이 다시 한번 검증됐다."라고 했다.[57]

북한의 핵미사일이 20kt 위력의 핵탄두를 탑재하고 서울 상공 800m 높이에서 폭발했을 때, 11만 4,600여 명이 사망하는 등 53만 4,600여 명의 사상자가 발생한다는 시뮬레이션 결과가 나왔다. 이는 핵폭발 시뮬레이션 프로그램인 '누크맵Nukemap'을 통해 800m 상공에서 최대 살상력을 낼 수 있는 20kt급 핵탄두가 폭발한 상황을 가정한 결과다. 누크맵은 미 스티븐스공과대학교의 앨릭스 웰러스타인 교수가 개발한 프로그램으로, 주요 싱크탱크들이 핵무기 폭발 결과를 추정할 때 사용한다.

일반적으로 핵폭탄은 파괴·살상 범위를 극대화하기 위해 공중에서 터뜨린다. 누크맵에 따르면, 20kt 위력의 핵폭탄이 서울 상공 800m에서 폭발했을 때 시청을 중심으로 용산구 대통령실(3.6㎞)이 포함된 반경 5.29㎞(87.8㎢)가 핵폭발의 직접적 피해권에 들어가는 것으로 나타났다. 시청을 중심으로 반경 100m, 깊이 30m의 움푹 파인 분화구가 생기고 그 안의 모든 건물이 파괴되는 등 초토화되었다. 이 일대에는 높이 7.21㎞의 거대한 버섯구름이 치솟았다. 서울 정부종합청사·명동 등이 포함되는 반경 1.16㎞ 이내에서는 피폭 1개월 내 사망하는 수준의 치명상을 입는 인명 피해가 속출했다. 만약 용산 상공 800m에서 20kt 핵폭탄이 터지면 대통령실과 국방부, 합동참모본부가 지도상에서 없어지는 수준의 피해를 입는 것으로 나타났다.

2013년 북한의 5차 핵실험 당시 폭발력은 10kt이었다. 10kt의 최대 살상력 고도는 400m로 추정되는데 이 수치를 누크맵에 넣으면 7만 7,600여 명이 사망하고, 26만 8,590명이 부상을 입는다는 결과가 나온다. 폭발에 따른 직접적 피해 반경도 4.26㎞에 달했다. 1945년 히로시마 원폭 때처럼 15kt급이 서울 상공 570m에서 터지면 사망자 11만 450명, 부상자 28만 350명의 피해가 발생할 것으로 추산되었다. 북한은 핵실험을 여섯 번 했는데, 여섯 번째 수소탄 실험의 폭발력은 100~300kt에 달했던 것으로 분석되었다.[58]

일본 나가사키대학교 핵무기폐기연구센터[RECNA]는 지난 2023년 4월 7일 동북아시아에서 핵무기가 사용될 경우 초래될 인명 피해를 미국 노틸러스연구소 등과 함께 시뮬레이션한 결과를 발표했다. 이에

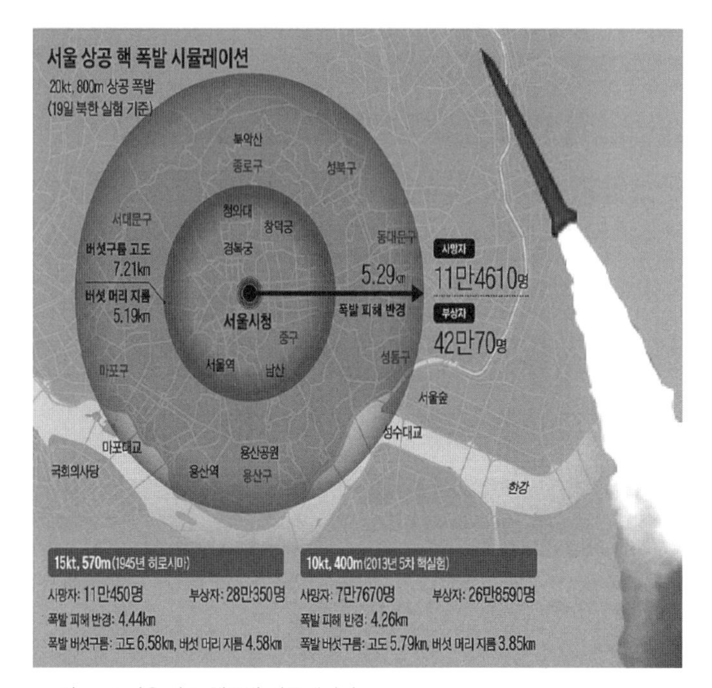

〈그림 3-2〉 서울 상공 핵폭발 시뮬레이션
자료: 〈조선일보〉, 2023.3.22. 출처: https://www.chosun.com/politics/diplomacy-defense/2023/03/22/LMPRA3HEZFHHBEZ6SGLVXXWZ5E/?utm_source=naver&utm_medium=referral&utm_campaign=naver-news

따르면, 미국과 북한 간 핵무기를 사용하는 전쟁이 벌어질 경우 수개월 내에 최대 210만 명이 사망할 수도 있는 것으로 분석되었다. 한반도에 핵무기를 사용하는 경우로는 두 가지 시나리오가 제시되었다.

첫째, 국내외 경제적 압력으로 궁지에 몰린 북한이 미국과 한국을 교섭 테이블에 앉힐 목적으로 위협하기 위해서 한국 연안 지역을 겨냥해 핵을 선제적으로 사용하는 시나리오다. 북한은 히로시마에 투하되었던 핵무기보다 소형인 폭발력 10kt 수준의 핵무기를 사용하고 미국은 한국의 요청에 따라 재래식 무기를 사용해 반격한 뒤 북한이 대륙간탄도미사일ICBM이나 핵무기를 숨기고 있다고 추정되는 지점에 소형 핵무기 2발을 사용하는 경우다. 몇 달 동안 사망자는 공격받은 지역 인구의 27%인 1만 1천 명, 방사성 물질 영향 등에 의해 장기적으로 암에 걸려 사망하는 사람은 1만 6천~3만 6천 명으로 추산되었다.

둘째, 북한의 ICBM에 미국 본토가 위협받는다는 이유로 미국이 북한의 핵·미사일 시스템을 공격하기 위해 핵무기를 선제 사용할 것으로 가정하는 경우다. 북한은 한국과 일본에 있는 미군기지를 겨냥해 핵무기를 사용해 반격하고 중국도 개입하면서 미국과 중국이 상대 군사시설을 핵으로 공격하는 등 핵무기가 총 18발 사용된다. 이때는 몇 달 동안에 공격받는 지역 인구의 33%인 210만 명이 사망하고, 방사성 물질 영향 등으로 암에 걸려 숨지는 이도 48만~92만 명으로 추산되었다.[59]

그런데 일본 나가사키대학교 핵무기폐기연구센터의 시뮬레이션 결과는 미국이 북한을 핵무기로 공격해도 북한이 미 본토를 핵무기로 공격하지 않는다는 것을 전제로 하는 것이다. 만약 북미 간의 핵전쟁이 확대되어 미국이 평양을 핵무기로 공격하고 북한도 미 본토를 수소폭탄으로 공격하는 전면전 상황이 발생한다면 210만 명보다 훨씬 많은 인명 피해를 입을 것이다.

미국의 확장억제, 전술핵 재배치, 핵 공유 옵션의 한계

확장억제와 전술핵무기 재배치, 나토식 핵 공유가 각기 다른 옵션인 것처럼 간주되고 있지만, 동일한 한계를 가지고 있다. 다시 말해 이 옵션들은 북한이 핵무기와 ICBM을 보유하지 않고 있거나 핵과 미사일 능력이 초보적 단계에 있을 때만 유효한 방식이다. 그리고 세 경우 모두 미국 대통령이 핵무기 사용에 대한 최종 결정권을 가진다는 점에서 '북한이 한국을 핵무기로 공격할 경우 미국 대통령이 뉴욕시에 대한 북한의 핵보복을 감수하면서까지 대북 핵 사용을 결심할 수 있겠는가?'라는 의문이 불가피하게 제기될 수밖에 없다. 마이크 터너 미국 하원 정보위원장은 2023년 6월 북한이 뉴욕시를 타격할 수 있는 능력을 보유하고 있으며, "북한과 관련한 억제력 개념은 죽었다."라고 말했다. 바이든 행정부의 〈2022 핵태세 검토 보고서〉도 북한이 미국과 우방국·협력국에 '억제 딜레마'를 조성하고 있다고 평가하고 있는 상황에서 한국이 미국의 '확장억제'에 전적으로 의존하는 것이 합리적인 태도인지 의문이다.

1. 북한의 핵·미사일 능력 고도화와 미국 확장억제의 한계

미국의 확장억제나 전술핵 재배치는 북한이 핵무기와 ICBM을 보유하고 있지 않거나 북한의 핵과 미사일 능력이 초보적인 단계에 있을 때만 유효한 대응 방식이다. 한국이 세계 10위권의 경제대국이 되었고, 재래식 무기 분야에서 세계 6위권의 군사강국이 되었지만, 자신의 운명을 스스로 결정하지 못하고 미국의 보호에 의존하고 있다. 이런 비정상적인 상황에서 벗어나기 위해서는 한국의 핵 보유와 전시작전통제권(전작권)의 조기 전환이 필수다.

북한은 이미 2017년에 수소폭탄 개발에 성공했고, 미 본토를 타격할 수 있는 대륙간탄도미사일 개발에도 상당한 진전을 보이고 있다. 따라서 우리가 미국의 핵우산과 확장억제에 전적으로 의존해도 되는지에 대한 의문은 계속 커지고 있다. 미국은 자국의 핵 태세를 유지하는 데 있어 '단일 권한Sole Authority' 원칙을 일관되게 견지하고 있다. 미국의 핵무기가 어떤 곳에 위치하든 핵무기 사용 명령을 내릴 최종 권한은 미국의 최고사령관, 즉 대통령에게 있다는 이 원칙은 '미국이 리옹이나 함부르크를 위해 뉴욕이나 디트로이트에 대한 위험을 감수할 수 있는가?'라는 '드골의 의심'을 떠오르게 한다.[60]

2022년 9월 16일 워싱턴 D.C.에서 개최된 고위급 한미확장억제전략협의체EDSCG 회의에서 한미는 북한의 핵공격에 대한 '압도적이며 결정적인 대응'을 천명했다. 그런데 북한이 한국에 전술핵무기를 사용할 경우 미국이 자국 본토에 대한 북한의 핵 보복을 감수하면서까지 전략핵무기로 '압도적이며 결정적인 대응'을 할지는 의문이다. 미국은 지금까지 구체적으로 어떤 수단을 사용해 확장억제 공약을 지킬지에 관해 확실히 밝히지 않는 '전략적 모호성'을 유지해 왔다. 현재 상황에서 보면 북한의 핵공격 시 미국은 북한과의 핵전쟁을 피하기 위해 핵무기가 아닌 '압도적인' 수량의 재래식 무기로 대응할 가능성이 크다.

미국의 확장억제를 전적으로 신뢰하기 어려운 이유 중 하나는 북한의 핵무기 사용을 전제로 한 작전계획 수립조차 아직까지 이루어지지 않고 있다는 점이다. 북한은 2017년에 세 차례나 ICBM을 시험발사한 후 '국가핵무력 완성'을 선포하고, 2022년부터는 대남 전술핵 사용 위협을 노골화하고 있다. 그런데도 북한의 핵무기 사용을 전제로 한 작전계획이 아직도 수립되지 않았다는 사실은 결국 미국의 확장억제가 북미 핵전쟁으로 연결될 수 있는 미국의 대북 핵 보복까지는 진지하게 고려하지 못하고 있음을 반증한다.

2022년 11월 3일 한국과 미국 국방부는 워싱턴 D. C.에서 제54차 한미안보협의회[SCM]를 개최해 고도화하는 북한의 핵·미사일 위협을 억제하고 대응하기 위한 동맹의 능력과 정보 공유, 협의 절차, 공동 기획 및 실행 등을 더욱 강화하기로 합의했다. 이 회의에서 로이드 오스틴[Lloyd Austin] 미국 국방장관은 북한의 다양한 핵무기와 투발 수단 개발 시도에 대해 우려를 표명하면서 핵, 재래식, 미사일 방어 능력 및 진전된 비핵능력 등을 포함한 모든 범주의 군사능력을 운용해 대한민국에 확장억제를 제공한다는 미국의 '굳건한 공약'을 재확인했다. 그리고 오스틴 장관은 미국이나 동맹국 및 우방국들에 대한 비전략핵(전술핵)을 포함한 어떤 핵공격도 용납할 수 없으며, 이는 김정은 정권의 종말을 초래할 것이라고 경고했다.

이 회의에서 양국 장관이 최근 북한의 핵전략과 능력 변화에 대응하기 위해 북한의 핵 사용 시나리오를 상정한 확장억제수단운용연습DSC TTX, Table Top Exercise을 연례적으로 개최하기로 한 점 등은 의미 있는 진전이다. 그러나 TTX는 말 그대로 '탁상형 연습'이다. 실제로 핵 관련 자산을 운용하는 훈련까지는 하지 않는다.[61] 한미가 이 회의에서도 북한의 핵무기 사용 시 그에 상응하는 '즉각적이고 자동적인' 미국의 핵 보복에 구체적으로 합의하지 못했다는 사실은 동맹을 지키기 위해 핵전쟁을 감수해야 할 수도 있는 미국의 딜레마를 보여주는 것이다.[62]

2023년 4월 26일 윤석열 대통령과 조 바이든 대통령은 한미정상회담을 갖고, 확장억제를 강화하고 핵 및 전략 기획을 토의하기 위한 '핵협의그룹NCG, Nuclear Consultative Group' 신설과 한국의 자체 핵무장 옵션 포기 등을 주요 내용으로 하는 '워싱턴선언'을 발표했다. 김태효 국가안보실 1차장은 이날 워싱턴 프레스센터에서 기자들과 만나 이 선언이 "한국형 확장억제 실행계획을 담아내 한·미 확장억제 실행력을 과거와는 질적으로 다른 수준으로 끌어올린 것"이라고 자평했다. 그리고 "미국의 핵무기 운용에 대한 정보 공유와 공동 계획 메커니즘을 마련한 만큼, 우리 국민이 사실상 미국과 핵을 공유하면서 지내는 것처럼 느끼게 될 것"이라고 부연했다.

국민의힘 주요 인사들도 "이번 워싱턴선언으로 우리나라에 핵이 물리적으로 존재하지 않아도 사실상 존재하게 됐다."라고 주장했다. 심지어 "워싱턴선언 이후의 한미동맹은 핵동맹이 됐다."라는 평가까지 나왔다. 또한 "미국이 타국과 핵 공유 체제를 구축한 사례는 1966년 나토[NATO]가 첫 번째고, 이번에 우리와의 핵 공유가 두 번째"라는 주장도 나왔다. 여당 인사들이 이렇게 주장하는 주된 근거는 선언에 명문화된 전략핵잠수함[SSBN] 등의 정례적인 한반도 전개가 '나토식 핵 공유'의 최대 특징인 전술핵 재배치와 같은 효과를 가져온다는 것이다.

그러나 에드 케이건 백악관 국가안보회의[NSC] 동아시아·오세아니아 담당 선임국장은 4월 27일 국무부 청사에서 열린 한국 언론 워싱턴 특파원단과의 간담회에서 워싱턴선언 내용을 '사실상의 핵 공유[de facto nuclear sharing]'로 보지 않는다고 반박했다. 케이건 국장은 "(한반도에) 전술핵무기를 배치하지 않기 때문에 핵 공유가 아니라는 의미인가?"라는 질문에 "그렇다"라고 답했다. 이어서 그는 "핵 공유는 핵무기 통제[control of weapons]에 관한 것이고, 여기(워싱턴선언)에서 그것은 일어나지 않는다."라고 말했다. 워싱턴선언에 대한 한미 간의 이 같은 입장 차이는 한국의 정부와 여당이 미국의 약속에 대해 실제와 괴리된 환상과 비현실적인 기대를 갖고 있음을 보여주는 것이다.

한미 정상은 '확장억제를 강화하고, 핵 및 전략 기획을 토의하며, 비확산체제에 대한 북한의 위협을 관리하기 위해' 새로운 핵협의그룹

[NCG] 설립을 선언했다. 이 핵협의그룹은 차관보급 협의체로 1년에 4차례 정도 개최될 것으로 알려졌다.

국방부 관계자는 기존 한미 국방·외교차관급 2+2협의체인 한미 확장억제전략협의체와의 차별성에 대해 "EDSCG가 광범위한 정책을 협의하는 데 주안점을 두었다면, NCG는 핵 운용에 특화된 협의체"라고 설명했다. NCG가 EDSCG보다 격이 낮은 이유는 이처럼 이 신설 기구가 다루는 주제가 제한적이기 때문이다.

워싱턴선언은 "한미동맹은 유사시 미국 핵작전에 대한 한국 재래식 지원의 공동 실행 및 기획이 가능하도록 협력하고, 한반도에서의 핵 억제 적용에 관한 연합 교육 및 훈련 활동을 강화해 나갈 것"이라고 언급하고 있어 분명히 한미 간 핵 기획 토의에 기대를 갖게 하는 내용들이 들어가 있다. 워싱턴선언은 또한 "한미동맹은 핵 유사시 기획에 대한 공동의 접근을 강화하기 위한 양국 간 새로운 범정부 도상시뮬레이션을 도입했다."라고 밝히고 있어 확장억제의 실행력을 높이고 있다.

한미 정상은 "미국은 향후 예정된 미국 전략핵잠수함의 한국 기항을 통해 증명되듯, 한국에 대한 미국 전략자산의 정례적 가시성을 한층 증진시킬 것"이라고 밝혔다. 미국이 운용하는 전략핵잠수함[SSBN]에는 사거리 1만 2,000㎞의 잠수함발사탄도미사일[SLBM] '트라이던트-Ⅱ'가 20발 실려 있고, 각 미사일에는 핵탄두가 8기씩 탑재되어 있다. 따라서 전략핵잠수함의 한국 기항은 북한에 상당한 위협으로 간주될 것이다.

그런데 이 같은 워싱턴선언은 윤석열 대통령과 바이든 대통령 간의 합의문이기 때문에 만약 미국에서 대통령이 바뀌면 하루아침에 휴짓장으로 전락할 수 있다. 그러므로 한국의 대통령실에서 주장하는 것처럼 이번 워싱턴선언을 '제2의 한미상호방위조약'으로 간주하는 것은 부적절하다. 조약은 대통령이 바뀌어도 쉽게 폐기할 수 없는 반면, '선언'에는 그런 법적 구속력이 없기 때문이다.

그리고 전략자산의 '정례적 가시성' 증진이 과연 한반도 정세를 안정시키고 한국 국민의 안보 불안감을 지속적으로 해소할 수 있을지도 의문이다. 에릭 고메즈 케이토연구소 선임연구원이 2023년 4월 30일 미국 정치전문매체 〈더힐〉에 기고한 글에서 밝힌 것처럼, 미국의 전략자산 전개는 한미연합군사훈련에 자체 미사일 훈련으로 대응하는 북한의 최근 행태를 고려할 때, 북한의 강력한 반발을 불러일으킬 가능성이 크다. 고메즈 연구원은 "워싱턴선언은 증상을 치료하는 것이지 근본적인 질병을 치료하는 것이 아니다."라며 "북한 핵 프로그램에 대한 제약이 없다면 김정은은 계속해서 핵무기를 확장할 것이고, 이는 미국의 확장억제 공약에 대한 신뢰를 약화시키고 한국이 더 많은 안심을 추구하도록 만들 것"이라고 강조했다.

이처럼 워싱턴선언은 미국의 확장억제를 강화하는 내용을 담고 있지만, 북한의 핵과 미사일 능력이 고도화될수록 미국의 확장억제는 약화될 수밖에 없다. 그리고 한국이 미국에 안보를 거의 전적으로 의존해야 하는 상황에서는 미중전략경쟁이 심화될수록 한중관계는 더욱 악화되고, 북한은 남한을 계속 무시할 것이며, 남한은 북한 핵

의 공포에서 영원히 벗어나지 못할 것이다.[63]

미국 본토 방어를 담당하는 글렌 밴허크Glen D. VanHerck 미군 북부 사령부 사령관은 2023년 3월 의회 증언에서 "미국 본토에 대한 제한된 북한의 대륙간탄도미사일 공격에 대해 방어하는 능력에 대해서는 확신한다. (하지만) 우리가 목도한 북한의 역량과 능력이 제한된 공격에 대한 방어 능력을 넘어설 수 있다는 점에서 앞으로 우려된다."라고 말했다.[64] 마이크 터너Mike Turner 미국 하원 정보위원장(공화·오하이오)은 2023년 6월 4일 ABC방송에 출연해 "북한이 핵탄두 소형화에 성공했다고 주장하는데 사실이라고 믿느냐?"라는 질문에 "우리는 그렇게 믿고 있다."라고 대답했다. 그리고 그는 "현재 북한은 핵무기 능력, 미국을 타격하고 뉴욕시를 타격할 수 있는 능력을 보유하고 있다."라면서 "우리도 무기가 있고 그들도 무기가 있다. 북한과 관련한 억제력 개념은 죽었다the concept of deterrence is dead."라고 말했다.[65] 이처럼 북한의 핵과 미사일 능력이 급속도로 고도화되면서 미국도 방어 능력에 한계를 느끼고 있다. 심지어 미국 하원 정보위원장이 "북한과 관련한 억제력 개념은 죽었다."라고 밝히는 상황에서 한국이 미국의 확장억제에 거의 전적으로 의존하는 것이 올바른 선택일지 의문이다.

현재 미 행정부가 한국의 자체 핵 보유를 막기 위해 한국에 약속하는 것들은 1960년대 초 미국이 프랑스의 핵 개발을 중단시키기 위해 약속했던 것들과 놀라울 정도로 흡사하다. 1961년 5월 말 파리를 방문한 케네디 미 대통령은 프랑스에 대한 소련의 핵무기 사용 시 과연 미국이 프랑스를 핵무기로 지켜줄 수 있는지 묻는 드골 대통령에게 미국은 서유럽이 소련의 손아귀에 떨어지도록 내버려 두느니, 차라리 핵무기를 사용해서라도 이를 저지할 결심이라고 밝혔다. 그러나 드골 대통령이 더 구체적으로 질문했을 때, 즉 소련의 침략이 어디까지 뻗어오면 언제 어느 목표물(소련 내의 지점인가 또는 그 이외의 지점인가)에 미사일을 발사할지에 대해 물었을 때, 케네디 대통령은 대답하지 못했다. 그러자 드골은 케네디에게 다음과 같이 이야기했다.

> 귀하가 대답 안 한다고 놀라지는 않습니다. 나를 굉장히 신뢰하고, 나 또한 상당할 정도로 높이 평가하고 있는 나토 사령관 노스타드 장군도 바로 이 점에 관해서는 내게 확실히 말하지 못하더군요. 우리에게는 이 구체적인 문제가 가장 중대한 문제입니다.[66]

또한 케네디는 프랑스가 핵무기 개발을 중단해 주었으면 하는 희망을 가지고 드골에게 폴라리스 핵잠수함을 나토에 편입시키자고 제안했다. 케네디의 논리는 신형 핵무기인 폴라리스 잠수함만 나토가 보유하게 되면 이를 순전히 유럽 방위를 위한 억제력 있는 무기로 사용할 수 있다는 것이었다. 그러자 드골은 케네디에게 남을 죽이려는 자는 결국 자기마저 죽고 만다는 진리를 깨닫게 해줄 방법이라곤 핵을 보유하는 수밖에 없다고 강조했다. 그리고 폴라리스 핵잠수함을 나토가 몇 척 보유하게 된다고 하더라도 그건 이쪽에 있는 미국 사령부에서 다른 미국 사령부로 이양시키는 것에 불과할 것이며, 어쨌든

그 사용 결정권은 미국 대통령의 손에만 달려 있는 것이라는 점을 지적했다.[67]

미국은 지금도 북한이 한국을 핵무기로 공격할 경우 미국이 가지고 있는 어떤 핵무기로 북한에 어떻게 보복할 것인지 한국과 구체적으로 협의하지 않고 있으며, 그것은 미 대통령의 고유 결정 권한이라고 주장하고 있다. 그러므로 미국의 핵 사용은 어디까지나 북한이 핵을 사용했을 때의 미 대통령의 판단과 결심에 전적으로 좌우될 수밖에 없다.

2. 미국의 전술핵무기 재배치와 핵 공유 옵션의 한계

북한의 핵 위협에 맞서기 위해 미국의 전술핵무기를 재배치해야 한다는 주장이 한국과 미국의 일부 전문가들과 정치인들에 의해 제기되고 있다.[68] 그러나 미국이 한국에 배치할 수 있는 전술핵무기가 충분하지 않다는 점이 이 같은 주장의 첫 번째 문제점으로 지적되고 있다. 전술핵무기의 위력은 보통 0.1 내지 수십kt으로 전략핵무기보다 약하다. 전술핵무기는 전투기나 폭격기에서 투하하는 폭탄, 각종 포에서 발사되는 포탄, 일반 미사일의 탄두, 핵배낭, 핵지뢰, 핵어뢰 등 다양한 형태가 있었으나 1990년대 이후 대부분 폐기되었고, 지금은 전투기 탑재용 폭탄 정도만 남아 있다.[69] 그래서 토비 달튼Toby Dalton 미국 카네기평화재단 핵정책 프로그램 국장은 2016년 6월 국립외교원

이 한국핵정책학회와 공동으로 개최한 '한미 핵정책 국제회의'에 참석해 한국 내 전술핵 재배치에 대해 "가능성이 없다."라며 "그 같은 무기가 더는 존재하지 않기 때문"이라고 일축한 바 있다.[70]

미국은 1991년 러시아와 전략무기감축조약START, Strategic Arms Reduction Treaty을 체결한 후 전투기 탑재용 B61 전술핵폭탄을 제외한 거의 모든 전술핵무기를 폐기했다. 그러다가 트럼프 행정부 기간에 새로운 저위력 핵무기 3종(B61-12형 항공폭탄, W76-2형 SLBM, 신형 토마호크 핵순항 미사일)을 개발했다.[71]

만약 미국이 앞으로 전술핵무기를 재배치할 경우 주한미군이 운용하는 두 개의 주요 공군기지인 오산 공군기지(경기도 평택시 일대)와 군산 공군기지에 배치해야 한다. 나토 핵 공유에 따라 B61 핵폭탄이 배치된 독일·이탈리아·네덜란드·벨기에·튀르키예 5개국도 모두 공군기지에 전술핵이 배치되어 있다.[72] 이처럼 미국의 전술핵무기는 재배치할 수 있는 곳이 제한되어 북한의 군사적 공격에 취약하다는 한계가 있다. 미 행정부가 비현실적인 '한반도의 완전한 비핵화'라는 정책을 고수하는 한 전술핵 재배치가 미 행정부의 현재 정책 기조와 배치된다는 문제점도 있다.

미중전략경쟁이 격화되면서 미국의 전술핵 재배치에 대해서는 중국이 강력하게 반발할 가능성이 크다. 미국의 전술핵무기가 한국에 재배치될 경우 미국 대통령이 유사시 그것을 북한뿐만 아니라 중국에 사용할 수도 있다. 따라서 중국은 주한미군 사드(THAAD, 고고도 미사일방어체계) 배치 때보다 훨씬 강하게 반발할 것으로 예상된다. 필자가 중국의 주요 한반도 전문가들을 대상으로 2022년에 조사한 결과에서도 중국 전문가들은 한국의 독자적 핵무장보다 미국의 전술핵무기 재배치에 대해 더욱 강한 거부감을 가지고 있는 것으로 나타났다. 한국이 독자적 핵무기를 보유할 경우 그것에 대한 통제권은 한국 대통령이 가질 것이고, 한국이 중국과의 핵전쟁까지 고려할 가능성은 희박하기 때문에 중국은 한국의 자체 핵 보유보다 미국의 전술핵무기 재배치에 더 부정적인 것으로 판단된다.

제1야당도 전술핵 재배치에 강력하게 반대하고 있어 재배치가 가시화될 경우 국내적으로 심각한 갈등이 예상된다. 2021년 12월 시카고국제문제협의회[CCGA]가 우리 국민 1,500명을 대상으로 진행한 여론조사에서 독자적 개발과 미국 핵 배치 중 어느 것을 선호하느냐는 물음에 '자체 개발'이 67%로 '미국 핵 배치'(9%) 응답보다 압도적으로 많았다. 그리고 한국의 독자적 핵무장에 대해 국민의힘 지지층의 81%, 민주당 지지층의 66%가 동의했다. 따라서 한국 정부가 독자적 핵무장을 추진할 때보다 전술핵무기 재배치를 추진할 때 국론 분열이 더 심각하게 나타날 것으로 예상된다.

한반도에서 핵을 사용해야 하는 최악의 상황이 도래하더라도 괌에서 한반도로 B-52를 출격시키거나 또 다른 미군 전략자산인 B-2(스피릿) 스텔스 폭격기, 핵잠수함 등을 이용해서 원거리 타격을 감행할 수 있기 때문에 굳이 전술핵을 한반도에 배치할 필요가 없다는 지적도 있다. 그런데도 한국 정부의 요구에 의해 미국이 전술핵무기를 한국에 재배치하게 되면 그에 필요한 비용을 한국에 요구해 한국의 방위비 분담금이 더욱 늘어날 수도 있을 것이다.

나토식 '핵 공유' 또는 '핵무기 공유'는 미국이 핵무기를 보유하지 못한 회원국들에 대해 핵무기의 구체적인 관리와 유지를 제공하는 방식을 말한다. 회원국들은 핵무기 정책에 관해 협의하고 주요 내용을 결정하며, 핵무기의 사용에 대해서도 일정 부분 권한을 가진다. 다만, 유사시 핵무기 사용에 대한 최종 결정권은 미국 대통령에게 있다.[73] 따라서 확장억제와 전술핵무기 재배치, 나토식 핵 공유가 각기 다른 핵 옵션으로 고려되고 있지만, 세 경우 모두 미국 대통령이 핵무기 사용에 대한 최종 결정권을 행사한다는 점에서 동일한 한계를 가지고 있다. 다시 말해, '북한이 한국을 핵무기로 공격할 경우미국 대통령이 뉴욕과 워싱턴 D.C.에 대한 북한의 핵 보복을 감수하면서까지 대북 핵 사용을 결심할 수 있겠는가?'라는 의문이 불가피하게 똑같이 제기될 수밖에 없다.

북한이 미 본토를 타격할 수 있는 핵과 미사일 능력을 확보하게 된 상황에서 나토식 핵 공유가 과연 한국의 안보에 얼마나 도움이 될 수 있을지 파악하기 위해서는 유럽에 나토라는 집단방위기구가 있음에도 불구하고 드골 대통령이 프랑스의 자체 핵 보유를 추진했던 이유를 먼저 들여다 볼 필요가 있다. 드골은 자신이 권좌에 다시 오른 1958년의 시점에 세계정세가 나토 창설 당시와 비교했을 때 전연 다른 양상을 띠고 있었고, 서유럽에서의 군사적 안보 조건이 크게 변했다고 인식했다. 다시 말해 "미국과 소련이 각각 상대방을 파멸시킬 수 있는 가공할 무기를 갖춘 이상 어느 쪽도 전쟁을 터뜨릴 수 없게 된 것"이라고 평가한 것이다. 그러면서 "미·소 두 나라가 그들의 중간 지대인 중부 유럽이나 서부 유럽에 폭탄을 투하한다면 이것을 막을 수단이 있을 것인가? 서유럽인에게 나토는 더 이상 보호자의 역할을 하지 못한다. 그런데 보호에 있어서 그 유효성 자체가 이미 의심스럽게 된 이 때에 누가 자기의 운명을 보호자에게 맡길 것인가?"라는 의문을 제기했다. 그리고 "프랑스도 마침내는 핵무기를 갖춰 아무도 감히 우리를 공격하려 들지 못하도록 해야겠다."는 결심을 굳혔다.[74]

드골 대통령이 자체 핵 개발을 추진하자 당시 포스터 덜레스John Foster Dulles 미 국무장관은 그에게 양국이 유럽에 결성된 나토라는 상호 안보체제에 적극 참여하기를 갈망한다면서 다음과 같이 물었다. "우리는 귀국貴國이 핵무기를 보유하려는 순간에 직면해 있다는 사실을 알고 있습니다. 프랑스가 독자적 핵무기 생산을 위해 막대한 자금을 투입하여 실험하고 제조하는 것보다 우리가 프랑스에 핵무기를 제공하는 것이 더 좋지 않겠습니까?" 이에 드골은 다음과 같이 대답했다.

> 우리는 핵무기를 보유함으로써 우리의 국방과 외교정책이 구속받지 않게 하겠다는 데에 가장 큰 의의가 있다고 믿습니다. 만일 당신들이 우리에게 핵무기를 판다면, 그리고 그 무기가 완전히 우리 것이 되어 우리가 제한받지 않고 이를 사용할 수 있다면 우리는 기꺼이 그것을 살 것입니다.[75]

그러자 덜레스는 이에 대해 더는 자기 의견을 주장하지 못했다. 당시 덜레스는 미국인이 관리한다는 조건하에 핵무기를 프랑스에 제공하겠다고 제의했다. 말하자면, 핵미사일을 오직 나토군 사령관의 명령에 따라서만 쓸 수 있도록 미국인이 열쇠를 갖는다는 조건이었다. 이 같은 덜레스의 입장에 대해 드골은 "우리가 바라는 바는 우리가 핵폭탄을 우리의 폭탄으로 보유하는 것"이라고 말했다. 이에 덜레스는 프랑스가 미국을 의심하고 있다고 주장했다. 그래서 드골은 덜레스에게 다음과 같이 대답했다.

> 만일 소련이 우리를 공격하면 우리와 당신들은 한편이 될 것이다. 그러나 이 같은 가상 상황 아래에서도 핵공격의 희생양이 될지 안 될지에 대한 운명을 우리 스스로 결정하고 싶다. 우리는 적의 어떤 공격이든 멈추게 할 수 있는 수단을 보유해야만 한다. 이런 목적을 이루기 위해서는 우리가 적을 공격할 수 있는 능력이 있어야 하며, 우리가 외국의 허가를 받지 않고도 침략자를 강타할 능력이 있음을 적에게 확실히 알도록 해야 하는 것이다. 동서 간에 싸움이 터지면 당신네 미국인들이 적을 그들의 영토에서 멸망시킬 수 있는 수단을 갖고 있음은 의심의 여지가 없다. 그러나 적도 당신들의 영토에서 당신들을 파괴할 수 있는 무기를 보유했다. 그러면 우리 프랑스의 입장을 얘기해 보자. 미국이 적의 폭격을 직접 당하지 않는 한 우리 프랑스인은 어떻게 당신들의 머리 위에도 죽음이 떨어질 것이라고 확신할 수 있겠는가? 물

론 당신들 나라가 멸망하면 동시에 소련도 사라질 것이라고 당신들은 생각할 수 있다. 반대의 논리도 같은 결론으로 된다. … 이것을 핵 억제력이라고 하자. 그러나 양대 동맹국들에는 이 같은 억제력이 존재하지 않는다. 미국이나 소련이 그들 틈새에 가로 놓인 지역, 다시 말해 유럽이 전쟁터가 되었을 때 이를 황폐화시키지 않도록 예방할 수 있는 수단은 무엇인가. 나토는 그와 같은 상황에 대비하지 못하고 있는 것 아닌가. 만일 그런 상황이 초래되면, 프랑스는 과거의 세계대전 때처럼 지리, 정치, 전략적 이유 때문에 제일 먼저 당하게 될 것이다. 프랑스는 어느 편이 위협하거나 어디서 위협이 오든 간에 독자적으로 존속해 가기를 원한다.[76]

1959년 9월 드골 대통령의 초청으로 프랑스에 국빈 방문한 아이젠하워 미국 대통령도 드골에게 덜레스와 비슷한 질문을 했다. “미국은 유럽의 운명이 곧 자신의 운명이라고 생각하고 있다. 당신은 왜 이 점을 의심하려 드는가?” 이에 드골은 다음과 같이 대답했다.

만일 유럽이 어느 날 당신들의 경쟁자에게 정복당하는 불행한 처지에 빠지면, 곧 미국도 입장이 난처해질 것은 사실이다. … 그러면 전쟁이 시작되고 끝나는 사이 우리는 어떻게 되는 것인가? 지난 양차 세계대전 중 미국은 프랑스의 동맹국이었고 우리는 당신들에게서 받은 은혜를 잊지 않고 있다. … 그러나 프랑스는 제1차 세계대전 때 3년이라는 길고 고통스러운 시일이 지난 후에야 미국이 도움의 손길을 뻗쳤음을 또한 잊지 않고 있다. 제2차 세계대전 때도 당신들이 개입하기 전에 먼저 프랑스가 붕괴됐던 것이다.[77]

이어서 드골은 "한 나라가 다른 나라를 도울 수는 있지만, 자기 나라와 다른 나라를 동일시할 수는 없는 것이다."라고 지적했다. 다시 말해 드골은 프랑스가 외부의 공격으로 치명적 타격을 받거나 붕괴된 이후에 미국으로부터 도움을 받은 역사적 경험에 기초해 자국의 안보를 타국에 의존하는 것이 아니라 자신의 힘으로 스스로 자국을 지켜야 한다는 확고한 입장을 갖고 있었던 것이다.

드골의 시각을 한국에 적용하면 다음과 같은 결론을 끌어낼 수 있을 것이다. 만약 북한이 한국을 핵무기로 공격하면 미국이 한국을 돕기는 하겠지만, 미국은 북한과 핵전쟁을 하는 상황을 최대한 피하려 할 것이다. 따라서 미국은 미 본토가 북한의 핵무기로 공격받기 전까지는 북한에 대한 직접적 핵 보복을 꺼리면서 러시아의 침공을 받은 우크라이나에 계속 무기를 지원하는 것처럼 한국에도 계속 무기를 지원하면서 남북한 간에 전쟁이 계속 이어지는 것을 지켜볼 것이다. 그런데 만약 한국이 자체 핵무기를 보유하고 있다면, 남북한 간에는 '핵 억제력'이 존재하므로 한국이 핵공격의 희생양이 되는 상황을 피할 수 있을 것이다.

바이든 행정부의 〈2022 핵 태세 검토 보고서〉는 "조선민주주의

인민공화국(북한)은 중국, 러시아와 같은 수준의 경쟁국은 아니지만, 여전히 미국과 우방국·협력국에 억제 딜레마를 조성한다."라고 밝힘으로써 확장억제의 어려움을 처음으로 공개적으로 인정했다. 그런데도 우리는 언제까지 '북한이 우리를 핵무기로 공격하면 미국이 자국의 대도시 몇 개가 희생되는 것을 감수하면서까지 북한에 핵무기로 보복해서 우리를 보호해 줄 것'이라는 기대에 매달려 있어야 하는지 의문이다.

2부

한국의 핵자강을 위한 체크리스트와 추진 전략

제5장

핵자강 추진을 위한 대내외 조건과 체크리스트

한국이 독자적 핵무장을 통해 남북 핵 균형을 실현하고 한반도에 새로운 평화와 안정의 시대를 열기 위해서는 주요 국가 정상들과 만나 한국의 자체 핵 보유 필요성을 당당하게 논리적으로 설득할 수 있는 담대한 지도자가 반드시 필요하다. 한국의 최고지도자에게 확고한 자강 의지가 없다면, 미국이 한국의 자체 핵 보유에 대해 반대하는 모습만 보여도 안절부절못하며 미국과의 타협에 급급해할 것이다. 한국이 국제사회의 반대를 설득하고 신속하게 핵자강의 길로 나아가기 위해서는 이를 위한 치밀한 논리와 정교한 전략을 수립하고 실행에 옮길 수 있는 컨트롤 타워도 필요하다. 따라서 국가안보실에 북핵 대응 문제를 전담할 제3차장실을 신설하고, 국가정보원-외교부-국방부-통일부와 전문가 그룹으로 구성된 실무그룹을 운영하는 것이 바람직하다. 제3차장실에서는 대통령이 독자적 핵무장 결정을 내릴 경우 이를 신속하게 실행에 옮기기 위한 Plan B를 수립해야 할 것이다. 이외에도 초당적 협력과 전문가 집단의 지지, 핵자강에 우호적인 국민여론과 국제환경, 미 행정부의 열린 태도, 적극적인 공공외교 등이 필요하다.

1. 최고지도자의 확고한 핵자강 의지와 적극적인 대내외 설득

한국이 독자적 핵무장을 통해 남북 핵 균형을 실현하고 과도한 대미 안보 의존도를 줄이기 위해서는 최고지도자의 확고한 의지가 무엇보다도 중요하다. 드골 대통령은 1959년 9월 16일 국가방위 원칙과 그 자원 및 군사정책을 연구하는 국방대학교 시찰을 마치고 교수들과 기타 청중 앞에서 '국가방위'라는 주제로 연설하는 동안 "프랑스의 방위는 프랑스인의 손으로 이루어져야 한다."라고 강조하며 다음과 같이 말했다.

> 프랑스와 같은 나라가 전쟁을 하게 될 때에는 이 전쟁은 프랑스 자신에 의해 프랑스 자신의 노력으로 수행되어야 한다. 프랑스의 방위는 경우에 따라서는 다른 나라의 방위와 상호 연관되어 있다. 그러나 우리는 자체의 문제와 관련하여 프랑스가 그 자신에 의해서 자신의 힘으로 독자적인 방법으로 스스로를 방위해야 한다는 것이 절대 필요한 것이다. … 우리의 전략이 다른 나라의 전략과 결합되어야 한다는 것은 두말할 필요가 없다. 왜냐하면 전쟁이 일어날 경우, 우리는 연합군과 손을 맞잡고 싸울 가능성이 크기 때문이다. 그러나 각 나라는 각자 자신의 몫을 담당해야 한다. … 그 결과로 우리는 앞으로 수년 후에 우리 자신의 이익에 따라 행동할 수 있는 군대, 즉 어느 시점이나 어느 지점에서

도 출격할 준비가 되어 있는 공격력을 보유해야만 한다. 이 공격력의 핵심은 핵무기이다.[78]

한국의 최고지도자에게 프랑스의 드골 대통령과 같은 확고한 자강 의지가 없다면, 미국이 한국의 자체 핵 보유에 반대하는 모습만 보여도 안절부절못하며 미국과의 타협에 급급해할 것이다. 그리고 미 대통령이 한국의 방위를 위해 약간의 성의만 보여도 한국 대통령은 감격하고 미국의 약속에 '절대적 신뢰'를 표명하며 한국의 안보를 미국에게 전적으로 의탁하는 방식으로 나아갈 가능성이 크다.

윤석열 대통령은 2023년 1월 11일 외교부·국방부 업무보고에서 북한의 핵·미사일 위협에 대한 대응을 설명하면서 "문제가 더 심각해져서 대한민국에 전술핵을 배치한다든지 자체 핵을 보유할 수도 있다."라며 "만약 그렇게 된다면 우리 과학기술로 더 빠른 시일 내 우리도 (핵무기를) 가질 수 있을 것"이라고 언급했다.

그런데 윤 대통령은 2023년 4월 26일 한미정상회담 후 발표한 워싱턴선언을 통해 자체 핵 보유 옵션을 명시적으로 포기하고, 바이든 대통령은 한국의 안보 불안감을 해소하기 위해 한국과의 핵 협의에 더욱 적극적으로 나설 것을 약속했다. 이 선언에서 윤 대통령은 "한국은 미국의 확장억제 공약을 완전히 신뢰하며 한국의 미국 핵억제에 대한 지속적 의존의 중요성, 필요성 및 이점利點을 인식한다." 라고 언급했다. 그리고 "국제 핵비확산체제의 초석인 핵확산금지조약NPT 상 의무에 대한 한국의 오랜 공약 및 대한민국 정부와 미합중국 정부 간 원자력의 평화적 이용에 관한 협력 협정(한미원자력협정) 준수를 재확인했다."라고 지적했다. 한국이 미국의 확장억제 공약을 '완전히' 신뢰하기 때문에 자체 핵무기 개발을 추구하지 않으며, 한국의 사용후핵연료 재처리와 우라늄 농축을 제한하고 있는 한미원자력협정도 준수하겠다는 것이다. 윤 대통령의 이 같은 '투항'은 주요 국가들의 대통령과 만나면서 프랑스의 자체 핵무장 필요성을 당당하게 논리적으로 강조했던 드골 대통령의 모습과는 매우 대조적이다.

과거에 문재인 대통령은 한미정상회담을 통해 한국의 미사일 발전을 제약해 왔던 한미미사일지침의 개정 및 해제를 끌어냈다. 이처럼 윤석열 정부도 미국과의 협상을 통해 한미원자력협정의 개정을 적극적으로 추진해야 한다.

북한의 대남 전술핵 위협이 갈수록 노골화되고 있고 가까운 미래에 북한의 제7차 및 제8차 핵실험도 예상되는 상황에서 한국이 국가 생존을 위해 핵확산금지조약을 탈퇴할 수 있는 권리마저 자발적으로 포기한 점은 매우 유감스러운 부분이다.[79] 결론적으로 워싱턴선언을 통해 한국이 과거보다 미국의 상대적으로 강력한 확장억제 약속을 받은 것은 중요한 성과지만, 이를 위해 NPT 탈퇴 권리와 한미원자력협정 개정 요구까지 포기한 것은 한국 정부의 전략 부재를 그대로 드러낸 것이다. 이 같은 문제점을 제대로 지적하지 못하고 있는 야당도 동일한 한계를 보이고 있다.

한국이 핵을 보유하지 못한 상태에서 한미의 확장억제를 더 강화하는 것은 필수다. 그러나 대북 억제가 실패해 북한이 한국에 핵을 사용할 경우 미국이 본토가 핵공격당하는 것을 감수하면서까지 한국을 지켜 줄 것이라고 믿는 것은 매우 순진한 태도이다. 그러므로 한국 대통령이 자체 핵 보유 옵션을 완전히 포기하는 것은 바람직하지 않다. 긴 호흡을 가지고 단계적으로 독자적 핵 보유의 방향으로 나아가는 것이 필요하다.

1961년 5월 말~6월 초 드골 대통령과 케네디 대통령 간의 파리 정상회담에서 프랑스의 핵 보유 문제에 대해 양 정상 간에 심각한 이견이 있었지만, 케네디는 6월 6일 워싱턴으로 돌아가 라디오 방송에서 다음과 같이 말했다. "나는 드골 장군이 미래를 내다볼 줄 아는 인물임을 발견했고, 그가 공헌한 바 있는 우리의 역사를 밝혀 줄 안내자임을 발견했습니다. 나는 그분 이외의 어느 누구도 더는 신뢰할 수 없을 것입니다."[80] 물론 케네디의 이 같은 발언은 드골의 환대에 대한 감사의 표현이었겠지만, 한 국가의 최고지도자가 뜨거운 애국심과 확고한 의지 및 설득력 있는 논리를 바탕으로 정책을 추진할 때 다른 국가의 지도자들도 이를 존중하지 않을 수 없음을 시사하는 것이다.

2. 정교한 핵자강 전략을 수립하고 집행할 강력한 컨트롤 타워

한국이 미국을 비롯한 국제사회의 반대를 설득하고 제재를 최소화하며 순조롭게 핵자강의 길로 나아가기 위해서는 이를 위한 치밀한 논리와 정교한 전략을 수립하고 실행에 옮길 수 있는 컨트롤 타워가 반드시 필요하다. 이를 위해 국가안보실에 북핵 대응 문제를 전담할 제3차장실을 신설하고,[81] 국가정보원(국정원)-외교부-국방부-통일부와 전문가 그룹으로 구성된 실무그룹을 운영해야 할 것이다. 그리고 이 실무그룹에는 미국, 북한, 중국, 국제정치, 국제법, 안보, 평화체제, 제재 관련 전문가들과 핵공학자들 등이 참여해야 할 것이다.

국가안보실 제3차장실이 신설되기 전까지는 제2차장실과 국정원에서 대통령이 독자적 핵무장 결정을 내릴 경우 이를 신속하게 실행에 옮기기 위한 'Plan B'를 수립하는 것이 필요하다. 국가안보실에서 검토해야 할 사항들은 대략 다음과 같다.

◎ 일본과 같은 수준의 핵잠재력을 확보하기 위한 한미원자력협정 개정 협상 방안 수립 및 추진
◎ 한국의 독자적 핵무장에 대한 국제사회의 여론 파악
◎ 한국의 핵무장에 반대하는 국가들을 설득하기 위한 정교한 외교전략 수립과 홍보 전개
◎ NPT 탈퇴 결정 시 미국(행정부와 의회)과 국제사회 설득 방안
◎ 핵무장에 우호적인 국내외 전문가들·정치인들과의 긴밀한 네트워크 구축
◎ 핵무장에 우호적인 여론을 형성하기 위한 홍보전략 수립
◎ 핵무장에 필요한 인력과 시설 파악

◎ 핵실험장 건설 등

3. 초당적 여야 협력과 전문가 집단의 지지

한국의 독자적 핵무장에 대한 외부 세계의 반대와 압력을 효과적으로 극복하고, 핵자강을 통해 한국의 안보를 튼튼하게 하며 한국의 국제적 위상을 높이기 위해서는 초당적 협력이 매우 중요하다. 만약 한국의 여야가 이 사안을 둘러싸고 심각하게 분열되어 있다면 외부의 반대세력들은 그것을 적극적으로 이용해 핵무장 시도를 좌초시키고 한국 사회를 큰 혼란에 빠지게 하려 할 것이다. 그러므로 한국 정부가 핵자강을 추진하기 위해서는 야당을 '적'이나 '타도의 대상'이 아닌 '선의의 경쟁'과 '협력'의 대상으로 간주해야 한다. 문재인 정부에 이어 윤석열 정부도 이전 정부와의 차별화에 집착하고 있는데, 과거 노태우 정부와 김대중 정부 시기의 여야 협력 경험으로부터 교훈을 얻을 필요가 있다.

또한 한국 정부가 독자적 핵무장을 순탄하게 추진하기 위해서는 외교안보 분야의 전문가들과 싱크탱크들의 협력도 필요하다. 만약 외교안보 분야의 전문가들과 오피니언 리더들 상당수가 한국의 독자적 핵무장에 강력하게 반대한다면 정부는 정책 추진에 상당히 큰 어려움을 겪을 수밖에 없다. 그러므로 최고지도자의 결단만큼이나 여론에 큰 영향을 미치는 오피니언 리더들과 싱크탱크들의 활용이 매우 중요하다.

문재인 대통령이 한반도 평화에 대한 강력한 의지가 있었지만, 그의 구상을 실현하지 못하고 나중에 김정은에게도 무시당하는 운명에 처하게 된 데는 그가 소수의 참모들과 전문가들에게만 의존해 정교한 협상안을 만드는 데 실패했기 때문이다. 북핵 문제 해결을 위해 문재인 정부는 북한과 미국 및 중국, 핵과 미사일, 평화체제, 국제사회의 제재 문제 분야에서 권위 있는 전문가들과 치열한 토론을 통해 남북한과 미국, 중국 모두 수용할 수 있는 몇 개의 해법을 마련했어야 했다. 그러나 문 대통령은 김정은과 트럼프가 만나 결단을 내리면 북한 비핵화의 진전이 쉽게 이루어질 수 있다고 생각했다.

한국의 독자적 핵무장이 성공을 거두려면 이를 뒷받침할 한국핵자강전략포럼[82]과 같은 초당적 전문가 집단이 필요하다. 이 포럼은 보수와 진보 성향의 전문가들이 핵자강이라는 공동의 목표를 위해 협력하고 있는 매우 모범적이고 성공적인 사례다. 이 같은 초당적 전문가 집단은 핵자강 문제에 대한 우리 사회 내부의 보수-진보 갈등을 완화하고, 외국 정부와 전문가들을 설득하는 대외 공공외교에서도 중요하게 기여할 수 있을 것이다. 그리고 정부가 미처 생각하지 못한 새로운 대안을 발굴해 내고 제안하는 데도 이 집단지성의 힘이 큰 역할을 할 수 있을 것이다.

4. 핵자강에 우호적인 국민 여론

우크라이나 전쟁 이전인 2021년 12월 시카고국제문제협의회[CCGA]가 우리 국민 1,500명을 대상으로 진행한 여론조사에서 71%가 핵무장을 지지했다. 이 조사에서 독자적 핵 개발과 미국 핵 배치 중 어느 것을 선호하느냐는 물음에는 '자체 개발'이 67%로 '미국 핵 배치'(9%) 응답보다 압도적으로 많았다. 2022년 아산정책연구원에서 발간한 보고서 〈한국인의 한미관계 인식〉에서도 국민의 70.2%가 자체 핵무기 개발을 지지했다. 독자 핵무장에 따른 국제사회 제재 가능성을 언급했을 때, 유보층(모름·무응답)을 제외한 분석에서 독자 핵무장에 찬성한 비율은 65%로 제재 가능성을 언급하지 않은 경우(71.3%)보다 6.3%p밖에 감소하지 않았다.

사단법인 SAND연구소가 2022년 6월 발간한 〈2022 국민 안보의식 조사 보고서〉에서는 응답자의 74.9%가 한국의 독자적 핵무기 개발에 찬성했다. 최종현학술원이 한국갤럽에 의뢰해 2022년 11월 28일부터 12월 16일까지 만 18세 이상 성인 남녀 1,000명을 대상으로 일대일 면접 조사를 실시해 2023년 1월 30일 발표한 결과에 의하면, 우리 국민의 3/4 이상인 76.6%가 한국의 독자적 핵 개발이 필요하다고 판단했다. 이처럼 북한의 핵 위협에 대한 불안감 때문에 모든 여론조사에서 국민의 과반수가 독자적 핵무장을 지지하고 있다. 이런 국민의 여론을 정부가 정책화하는 것은 지극히 당연하다.

핵무장에 대한 반대 의견이 지배적인 일본과는 다르게 한국에서

〈표 5-1〉 각종 여론조사에서의 독자적 핵무장 지지율

조사기관	조사 기간	독자 핵무장 지지율
미 시카고국제문제협의회	2021.12.1.~4	71%
아산정책연구원	2022.3.10.~12	70.2%
SAND연구소	2022.6.27	74.9%
최종현학술원, 한국갤럽	2022.11.28.~12.16	76.6%

는 최고지도자가 핵무장을 결정하면 국민 과반수가 이를 적극적으로 지지할 것이다. 국민의 높은 지지도는 한국 정부가 독자적 핵무장을 추진하면서 일시적으로 제재와 난관에 직면하더라도 그것을 헤쳐 나가는 데 큰 힘이 될 것이다.

5. 핵자강에 우호적인 국제환경

한국의 독자적 핵무장을 공개적으로 지지할 국가는 하나도 없겠지만, 북한의 핵과 미사일 위협이 커질수록 한국이 독자적 핵무장으로 나아갈 때 그 같은 결정을 마지못해 수용할 국가들은 늘어나게 될 것이다. 2022년 러시아의 우크라이나 침공 이후에는 북한이 ICBM을 시험발사해도 유엔안보리에서 러시아와 중국의 반대로 그 어떤 대북제재도 채택되지 않고 있다. 따라서 한국이 국가 생존 차원에서 핵무

장하려고 해도 미국이 러시아, 중국과 단합해 한국에 대한 제재를 채택할 수는 없는 상황이다. 게다가 미국은 우크라이나에 대한 무기 지원과 관련해 한국의 협력을 필요로 하고 있다. 미러, 미중관계 악화와 북한의 대남 핵 위협 증대는 국제평화와 한반도 안정에 부정적인 요소들이지만, 이 같은 안보 위기는 오히려 한국의 핵자강에 기회로 작용하는 측면이 있다.

6. 한국의 핵자강에 대한 미 행정부의 열린 태도와 우호적인 미국 여론

바이든 행정부에는 비확산론자들이 많기 때문에 바이든 대통령 임기 내에 한국이 독자적 핵무장의 방향으로 나아간다면 미 행정부의 강력한 반대에 직면할 가능성이 크다. 그러나 과거에 한국과 일본의 핵무장에 대해 열린 입장을 표명했던 트럼프나 그와 유사한 성향의 정치인이 2024년 대선에서 당선된다면 상황은 한국의 핵자강에 훨씬 유리하게 바뀔 것이다.

〈동아일보〉와 국가보훈처가 한미동맹 70년을 맞아 한국갤럽에 의뢰해 2023년 3월 17~22일 한국인(1,037명)과 미국인(1,000명) 성인 남녀를 대상으로 한미 간 상호 인식 조사를 진행한 결과에 의하면, 한국의 자체 핵 보유에 대해 미국인 41.4%가 찬성하고, 31.5%가 반대한다고 응답해 찬성 비율이 9.9%포인트나 높았다.[83] 한국의 자체 핵 보유에 대해 미국인의 찬성 여론이 반대보다 10% 가까이 높게 나타난 것은 매우 고무적인 현상이다. 바이든 행정부가 한국의 핵무장에 거부감을 보이고 있지만 미국인들의 생각은 달랐다. 이는 북핵 위협이 '한반도의 문제'로 끝나길 바라는 미국 사회 저변의 인식을 엿보게 하는 것이다.[84] 따라서 한국 정부와 전문가들은 미국인을 대상으로 한국의 자체 핵 보유가 미국인의 안전에도 크게 기여한다는 점을 지속적으로 강조할 필요가 있다.

7. 핵자강에 우호적인 해외 전문가 집단과 공공외교

만약 한국 정부가 자체 핵 보유를 결정하면 미국이나 자국 정부가 이를 수용해야 한다고 주장하는 해외 전문가들의 기고문이 2021년 말경부터 미국의 많은 외교안보 전문지와 주요 언론에 게재되고 있다. 그리고 2022년부터는 한국의 자체 핵무장에 대한 해외 전문가들 간의 찬반 논쟁도 진행되고 있다.

아직은 한국의 자체 핵 보유에 대해 열린 입장을 가진 해외 전문가들이 소수이기는 하지만, 중요한 것은 그런 전문가들의 수가 계속 늘어나고 있다는 점이다. 그러므로 한국 정부는 외국의 주요 한반도 전문가들과의 세미나와 공동 연구 등을 지원함으로써 외국에서 한국의 자체 핵 보유에 우호적인 전문가들의 계속 늘어나게 해야 할 것이다.[85]

8. 현재의 핵자강 추진 조건에 대한 잠정적 평가

현재 자체 핵 보유에 대한 윤석열 대통령의 의지는 매우 약한 것으로 판단된다. 그러므로 현 정부에서 자체 핵 보유까지 가는 것을 기대하기는 현실적으로 어려워 보인다. 그래도 현 정부가 한미원자력협정 개정을 통해 한국이 일본과 같은 수준의 핵잠재력을 확보할 수 있다면 그것만으로도 큰 성과를 거두는 것이 될 것이다.

반면, 한국핵자강전략포럼과 같은 전문가 집단이 출범해 핵자강 여론을 계속 확산시키고 있고, 많은 여론조사에서 국민의 60% 또는 70% 이상이 자체 핵 보유를 지지한다는 사실이 확인되고 있으므로 차기 정부가 핵자강을 추진한다면 이는 매우 큰 힘이 될 것이다. 핵자강에 대해서는 당분간 초당적 협력이 어렵겠지만, 여야 정치인들이 핵자강의 필요성을 이해하게 된다면 초당적 협력의 가능성은 훨씬 커질 것이다.

바이든 행정부는 한국의 핵자강에 대해 반대 입장이지만, 만약 2024년 미국 대선에서 트럼프나 그와 유사한 성향의 정치인이 당선된다면 한국 정부는 큰 어려움 없이 핵무장의 방향으로 나아갈 수 있을 것이다. 한국의 핵자강에 우호적인 해외 전문가들이 아직은 소수지만 계속 늘어나고 있어 차기 정부가 핵자강의 필요성을 더욱 적극적으로 홍보하고 해외 전문가들과의 네트워크를 강화하면 그들의 영향력이 더욱 확대될 수 있을 것이다.

제6장

한국의 핵 보유 역량 평가

2015년 4월 찰스 퍼거슨 미국과학자협회 회장은 비확산 전문가 그룹에 비공개로 회람한 〈한국이 어떻게 핵무기를 획득하고 배치할 수 있는가〉라는 제목의 보고서에서 그동안 잘 알려지지 않은 한국의 핵무장 능력에 관해 매우 상세하게 분석했다. 이 보고서는 한국이 핵무기를 만들기 위해서는 ① 핵분열 물질, ② 유효한 핵탄두 디자인, ③ 신뢰할 만한 핵탄두 운반 체계가 필요한데, 한국은 비교적 수월하게 이 모든 요소를 확보할 수 있는 상황이라고 평가했다. 그리고 월성원전에 비축되어 있는 사용후핵연료는 무기 제조에 사용할 수 있는 플루토늄을 제공할 수 있는데, 이는 약 4천 330개의 핵폭탄을 만들 수 있는 분량이라고 지적했다. 그런데 한국은 사용후핵연료 재처리 시설이 없어 '간단하고 빠른 재처리 시설'을 건설하는 데 약 4~6개월 정도가 소요될 것으로 판단된다. 재처리 시설 건설로 핵물질(플루토늄)만 확보하면, 한국도 일본처럼 3~6개월 내에 핵무기를 보유할 수 있을 것이다. 그러므로 순수하게 기술적 요소만 고려한다면, 국가가 전폭적으로 지원할 경우 한국이 초보적인 핵무기를 개발하는 데는 대략 1년 내외의 기간이 걸릴 것으로 예상된다.

1. 퍼거슨 보고서[86]의 평가

2015년 4월 찰스 퍼거슨Charles D. Ferguson 미국과학자협회FAS 회장은 비확산 전문가 그룹에 비공개로 회람한 〈한국이 어떻게 핵무기를 획득하고 배치할 수 있는가〉라는 제목의 보고서에서 그동안 잘 알려지지 않은 한국의 핵무장 능력에 관해 매우 상세하게 분석했다. 이 보고서는 한국이 핵무기를 만들기 위해서는 ① 핵분열 물질, ② 유효한 핵탄두 디자인, ③ 신뢰할 만한 핵탄두 운반 체계가 필요한데, 한국은 비교적 수월하게 이 모든 요소를 확보할 수 있는 상황이라고 평가했다. 그리고 더 발전된 형태의 열핵탄두는 중수소deuterium와 삼중수소tritium의 중수소heavy hydrogen 동위원소가 있어야 하는데 한국은 이런 물질 역시 수월히 얻을 수 있다고 설명했다.

퍼거슨 보고서는 한국이 핵분열 물질을 얻기 위해서는 사용후핵연료 재처리 시설이 우라늄 농축보다 더 빠르고 가능성이 높은 옵션이라고 다음과 같이 지적했다.

> 핵분열 물질을 얻으려면 우라늄 농축 시설이나 사용후핵연료의 재처리 시설이 필요하다. 전자는 고농축우라늄HEU을 생산할 수 있는데, 이는 비교적 만들기 쉬운 포신형gun-type 핵폭탄에 초기 동력을 공급하는 데 쓸 수 있다. 맨해튼 프로젝트에서 처음 만들어져 히로시마에 떨어졌던 폭탄이 바로 이 포신형 핵폭탄이다. 고농축우라늄은 더 발전된 형태인 내폭형implosion-type 핵폭탄에도

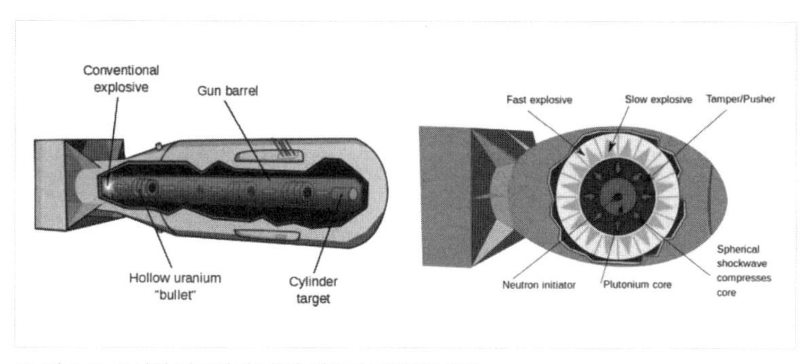

〈그림 6-1〉 포신형 기폭장치(좌)와 내폭형 기폭장치(우)
자료: 이춘근, "북한의 핵 역량 어디까지 왔나?" (제9차 세종국방포럼 발제문, 2023.4.26.).

동력을 공급할 수 있다. 그런데 한국에는 농축 시설이 없다. 한국 원자력 업계에서 농축 능력 개발에 관심을 보이기도 했지만, 국제시장에서 값싼 농축우라늄이 상대적으로 남아돌고 있는 상황이라 가까운 시일 내 한국이 해당 분야에 진출할 만한 경제적 동기가 충분치 않아 보인다. 게다가 미국이 한국의 농축 시설 건설을 허가해줄 리도 만무하다. 비밀 시설의 존재 가능성을 배제할 수는 없지만, 앞서 언급했듯 재처리 시설이 더 빠르고 가능성이 더 큰 옵션으로 보인다.

이 보고서는 또 다음과 같이 플루토늄이 한국에게 더 나은 선택지라고 설명했다.

플루토늄은 고농축우라늄에 비해 일정 수준의 폭발 강도를 얻는 데 필요한 물질의 양이 적어 효율적이기 때문에 한국의 무기 설계자들은 초기 핵폭탄 생산 시 플루토늄 분열 물질을 선호할 가능성이 크다. 플루토늄은 소형화된 핵폭탄 제작에 더 적합한 물질이기도 하다. 게다가 한국은 사용후핵연료의 형태로 이미 수 톤의 플루토늄을 갖고 있으며 재처리 기술 역시 축적해 가고 있는 상황이라 플루토늄을 선택할 가능성이 크다.

퍼거슨 보고서는 특히 월성 원전에 비축되어 있는 사용후핵연료는 26,000kg(2014년 말 기준)가량의 원자로급이지만 무기 제조에 사용할 수 있는 플루토늄을 제공할 수 있다고 평가했다. 그리고 이는 약 4,330개의 핵폭탄을 만들 수 있는 분량이라고 지적했다.

인도와 한국의 중수로 모두 캐나다에서 디자인한 CANDU라는 중수로를 사용하고 있는데, 이 중수로는 준무기급 혹은 연료급 플루토늄 생산이 비교적 쉬워 핵물질 전용 측면에서 핵확산에 유리한 디자인이라는 점도 이 보고서는 다음과 같이 상세하게 설명했다.

CANDU는 천연 우라늄이나 저농축우라늄, 심지어 다양한 융합 가능 물질 및 융합 물질의 혼합물까지도 연료로 사용할 수 있다. 한국은 CANDU 중수로에 천연 우라늄을 연료로 사용하고 있다. CANDU는 가동 중 연료를 재공급할 수 있도록 디자인되어 있다. 그래서 발전소는 연료 재충전을 위해 가동을 멈출 필요가 없고 발전소가 연료 재충전 중인지 겉으로만 보아서는 알 수가 없다. 반면, 경수로는 연료를 재충전하려면 가동을 멈춰야 하며, 이때 냉각탑 밖으로 증기 기둥이 관찰되지 않으므로 조사관은 발전소가 연료 재충전 중임을 알아차릴 수 있다. 즉, 만일 한국이 핵무기를 만들고 이를 위해 분열 물질을 빼돌리기로 결정한다면, 가압중수로 가동 중 사용후핵연료를 빼돌리는 방법을 취할 수 있다. 또한 CANDU는 감속재와 냉각수 용도로 중수를 사용한다. 중수는 경수만큼 중성자를 많이 흡수하지 않기 때문에 천연 우라늄 연료 안에 있는 우라늄 238을 플루토늄 239로 바꿀 수 있는 중성자가 더 다량으로 존재하게 된다. 천연 우라늄은 99% 이상의 원자를 우라늄 238의 형태로 가지고 있는데 이는 중성자가 충돌해 플루토늄으로 전환될 수 있는 목표물이 다수 존재함을 뜻한다. 플루토늄 239 함량이 높은 준무기급 플루토늄 생산을 최적화하기 위해 중수로를 가동하는 사람은 한 달에 한 번 정도 조사irradiation가 끝난 방사능 연료를 제거할 것이다.

퍼거슨 보고서는 핵전문가인 토머스 코크란Thomas B. Cochran과 매튜 맥킨지Matthew G. McKinzie의 연구도 소개하고 있는데, 이 연구에 의하면 월성 원자력발전소의 중수로 4개에서 매년 플루토늄 240 함량이 약 10%인 준무기급 플루토늄 2,500kg을 생산할 수 있다. 이는 416개의 폭탄을 만들 수 있는 양으로 만약 무기 설계를 더 섬세하게 한다면 핵폭탄을 최대 830개까지도 만들 수 있을 것으로 예상했다.

한국의 핵자강에 반대하는 일부 전문가는 플루토늄 확보를 위해 필요한 사용후핵연료 재처리 시설 건설과 관련해 일본의 로카쇼 재처리 공장Rokkasho Reprocessing Plant을 예로 들며 엄청난 비용이 들어갈 것이라고 주장한다. 그러나 퍼거슨은 한국이 재처리 시설 건설과 관련해 다음과 같이 다양한 선택지가 있다는 사실을 명확하게 지적했다.

> 한국은 플루토늄 생산력 제고를 위해 중수로에서 만들어지는 물질만 처리할 수 있는 전용 재처리 시설을 짓고 싶어 할 것이다. 이미 검증된 습식 PUREX 방식을 사용할 가능성이 크다. 코크란과 맥킨지가 지적했듯 한국은 우선 4~6개월이면 지을 수 있는 '간단하고 빠른 처리 시설'을 세울 것이다. 중수로가 경수로 원자로에 비해 연소율이 낮아 재처리해야 할 사용후핵연료의 양이 대략 10배 이상 발생함을 고려하면, 이 초기 처리 시설은 주당 약 1kg, 즉, 연간 약 50kg의 플루토늄을 만들어 낼 가능성이 크다. 이와 동시에 한국은 연간 최대 800톤의 조사 연료를 재처리할 수 있는 로카쇼 재처리 공장 규모의 시설을 지을 수도 있다. 그러나 이런 시설은 짓는 데 최소 6개월 이상의 훨씬 더 오랜 기간이 필요하다. (게다가 일본이 복잡한 로카쇼 재처리 시설 운영 시 부딪쳤던 기술적 어려움을 생각해 보면 한국이 그 전철을 밟고 싶지는 않을 것이다. 반면, 일본은 토카이Tokai에 위치한 연간 약 200톤을 처리할 수 있는 파일럿 규모의 재처리 시설을 세워 성공적으로 운영한 경험이 있는데, 이는 한국의 필요를 충분히 충족시킬 수 있는 규모다.) 어쨌든 이런 작은 규모의 재처리 시설만으로도 한국은 초기 소수의 핵폭탄을 제

조하는 데 필요한 플루토늄을 아주 충분하게 확보할 수 있다.

퍼거슨 보고서는 한국이 핵폭탄을 터뜨리는 기폭장치에 필요한 '크라이트론'에 대한 기술적 접근이 이미 가능한 상태고 핵탄두 내 플루토늄 주변을 에워쌀 고성능 폭약 제조 능력도 세계적 수준이라고 밝혔다. 그리고 한국 정부는 비핵실험을 여러 번 하는 데 만족할 것인지, 아니면 핵 개발을 공언하고 핵실험을 진행할 것인지 결정해야 할 것이라고 다음과 같이 지적했다.

> 이후 한국 정부는 한 차례 이상의 핵실험을 감행해야만 하는 결정을 내려야 할 것이다. 핵분열 무기나 증폭 핵분열 무기 개발에는 핵실험이 필요하지 않을 수도 있다. 비핵실험을 수차례 성공적으로 마친 후 자신감을 얻게 된 경우라면 더욱 그렇다. 게다가 포괄적핵실험금지조약기구Comprehensive Nuclear Test Ban Treaty Organization가 가동하는 대규모 탐지망으로부터 핵실험 시 발생하는 탄성파 신호를 숨기기란 불가능에 가깝다. 실험에서 나오는 탄성파 신호를 숨길 수는 없을 것이다. 이 단계쯤 되면 한국 정부는 비핵실험을 여러 번 하는 데서 만족할 것인지, 아니면 핵 개발을 공언하고 핵실험을 진행할 것인지 결정해야 할 것이다.

퍼거슨은 보고서에서 한국이 탄도·순항미사일인 '현무' 시리즈[87], 공군 주력 전투기인 F-15와 F-16 등 핵폭탄을 운반할 최첨단 무기체계도 충분히 확보하고 있다고 강조했다. 그리고 그는 한국이 특히 상호 억지력 확보를 목표로 핵잠수함 개발과 장거리 탄도·순항미사일 개발을 통해 '세컨드 스트라이크'(핵공격을 받으면 즉각 핵으로 응징 보복하는 것) 능력을 강화할 것이라고 전망했다.

2. 한국 전문가와 정부의 평가

한국의 전문가 중 자체 핵 보유 필요성을 오래전부터 강조하고 구체적인 대안을 제시해 온 대표적인 핵공학자는 서균렬 서울대학교 원자핵공학과 명예교수다. 그는 이명박 정부 시절인 2011년에 한국은 플루토늄 5kg으로 나가사키 원자탄 위력의 5배인 100kt 핵탄두를 제조할 능력이 있고, 1조 원으로 3개월 만에 핵탄두 공장을 건설할 수 있으며, 3개월 만에 재처리가 가능하므로 총 6개월이면 핵무기를 개발할 수 있다고 주장했다. 양산비는 1기당 100억 원, 2년 만에 100kt 핵탄두 100기를 생산할 수 있다고 지적했다.[88]

서균렬 교수의 이 같은 주장은 학계에서 많은 비판의 대상이 되었다. 우리나라에는 아직 사용후핵연료 재처리 시설이 없어서 퍼거슨이 지적한 것처럼 '간단하고 빠른 처리 시설'을 건설하는 데도 약 4~6개월 정도가 필요할 것이기 때문이다. 그리고 핵무기 개발에 필요한 핵공학자들과 기술자들을 선정해 팀을 만들고 시설을 건설하는 데도 일정한 시간이 걸리므로 3개월이나 6개월 내에 핵무기를 개발하는 것은 현실적으로 불가능하다. 우라늄 농축에 필요한 채광 및 농축 관련 시설이 국내에 없으며 이와 관련한 기술 개발도 진행되지 않았다.

핵물질(고농축우라늄, 플루토늄) 확보가 핵무기 개발에 핵심 요소이므로 핵물질 확보 기간에 따라 독자적 핵무장 시점이 결정된다. 만약 한국도 한미원자력협정을 개정해 사용후핵연료의 재처리와 우라늄 농축 분야에서 미일원자력협정 수준의 권한을 확보하고 플루토늄을 비축해 둔다면, 일본처럼 유사시 3~6개월 이내에 핵무기를 보유할 수 있게 될 것이다.

서균렬 교수는 이후 다시 한국은 대통령이 결단만 내리면 길어도 18개월 내에 핵무기를 개발할 수 있고, 이후 수천 개까지 양산할 수 있는 핵물질과 기술을 충분히 가지고 있다고 지적했다. "우리가 마음만 먹으면 1년 6개월 안에 핵무장을 끝낼 수 있다. 미국은 우리보다 과학기술이 떨어지던 시절에 핵 개발을 시작해 핵보다 더 파괴력 있는 수소폭탄을 7년 만에 개발해 냈다. 우리는 그때보다 과학 수준이 훨씬 앞서 있다. 핵개발과 관련된 모든 기술을 이미 우리는 가지고 있다. 플루토늄을 추출하기만 하면 된다. 기술이나 인력 모두 풍부하다. 결정만 되면 일사천리로 진행할 능력을 갖추고 있다."라고 서 교수는 말했다.[89]

서 교수의 평가는 NPT 탈퇴 같은 정치적 과정과 핵 개발 과정에서의 시행착오 등을 충분히 고려하고 있지 않아 지나치게 낙관적인 시나리오를 제시하고 있기는 하지만, 그의 평가가 전혀 근거가 없는 것은 아니다. 한국의 핵 개발 문제를 깊이 있게 검토한 다수의 핵공학자들도 기술적 요소만 고려한다면, 한국이 초보적인 핵무기를 개발하는 데 국가가 전폭적으로 지원할 경우 대략 1년 내외의 기간이 필요할 것으로 보고 있기 때문이다.

윤석열 대통령은 2023년 4월 28일 하버드대학교 케네디스쿨 연설과 대담 과정에서 "대한민국은 핵무장을 하겠다고 마음먹으면 빠른 시일 내에, 심지어 1년 이내에도 핵무장을 할 수 있는 기술 기반을 가지고 있다."라고 밝혔다. 참여정부(노무현 정부) 시기에도 한국이 핵 개발에 필요한 시간을 파악한 결과, 비슷한 결론에 도달한 것으로 알려지고 있다.

제7장

남북 핵 균형과 핵 감축을 위한 4단계 접근

여기서 제안하는 한국의 독자적 핵무장 및 북한과의 핵 감축 협상 방안은 '핵자강을 위한 컨트롤 타워를 구축하고 핵잠재력을 확보하는 1단계', '국가 비상사태시 NPT를 탈퇴하는 2단계', '대미 설득 및 미국의 묵인하에 핵무장을 추진하는 3단계', '남북 핵균형 실현 후 북한과의 핵 감축 협상에 나서는 4단계'로 구분된다. 2015년 개정 한미원자력협정과 1988년 개정 미일원자력협정을 핵잠재력의 관점에서 비교하면 현재 일본이 확보한 권한이 한국보다 훨씬 크다. 그러므로 한국이 핵무장하면 일본도 핵무장할 것이라고 우려하기 전에 일본이 핵무장할 경우 한국이 일본을 따라가지 못하고 동북아에서 한국만 홀로 비핵국가로 남게 되는 최악의 시나리오를 피하기 위해 먼저 일본과 같은 수준의 핵잠재력부터 확보하는 것이 시급하다.

한국이 핵무장을 완료하면 북한의 핵무기 보유량을 10~20개 정도로 줄여 사실상 '준準 비핵화'를 달성하는 것을 현실적 목표로 설정하고 북한과 핵 감축 협상을 진행할 필요가 있다. 처음부터 북한의 '완전한 비핵화'를 목표로 한다면 북한이 협상 테이블에 나오는 것조차 거부하겠지만, 북한이 체제 생존에 필요하다고 판단되는 최소한의 핵무기 보유는 일단 인정해 주고 나머지 핵무기를 단계적으로 폐기하는 대신, 그에 상응하는 확실한 보상을 제공한다면 북한과의 협상 가능성은 현재보다 상대적으로 커질 것이다.

물론 북한이 핵 감축 협상을 수용할지 불확실하고, 설령 협상이 시작되더라도 검증 과정에서 많은 난관이 있을 것으로 예상된다. 하지만 북한 핵의 단계적·점진적 감축 시 상응하는 제재 완화 조치와 한미연합훈련의 축소, 북미관계 개선 등이 병행된다면 이 같은 방안에 관심을 보일 가능성이 있다. 설령 북한이 핵 감축 협상을 거부하더라도 한국 정부가 핵 감축 협상을 추구하겠다는 입장을 밝힌다면, 그것만으로도 한국의 자체 핵 보유에 대한 국제사회의 수용/용인 가능성을 높이는 데 기여할 것이다.

한미가 북한의 '준準 비핵화'를 우선적인 협상 목표로 설정하고, '완전한 비핵화'를 '준 비핵화' 달성 이후에 논의할 장기적 목표로 설정한다면, 대북협상에서 지금보다 훨씬 큰 유연성을 발휘할 수 있을 것이다. 그리고 북한의 '준 비핵화' 및 이후의 '완전한 비핵화'가 이루어질 때까지 남북한 간에 핵 균형이 유지된다면, 한국 국민은 북핵에 대한 공포에서 완전히 벗어날 수 있을 것이며, 북한도 미국을 핵무기로 위협하지 못하게 될 것이다.

여기서 제안하는 한국의 독자적 핵무장 및 북한과의 핵 감축 협상 방안은 '핵자강을 위한 컨트롤 타워를 구축하고 핵잠재력을 확보하는 1단계', '국가 비상사태 시 NPT를 탈퇴하는 2단계', '대미 설득 및 미국의 묵인하에 핵무장을 추진하는 3단계', '남북 핵 균형 실현 후 북한과의 핵 감축 협상에 나서는 4단계'로 구분된다.

〈표 7-1〉 남북 핵 균형과 핵 감축 로드맵

단계	실행 과제
1단계	**핵자강을 위한 컨트롤 타워 구축 및 핵잠재력 확보** - 대통령실 국가안보실에 북핵 대응 문제를 다룰 제3차장실을 신설(또는 그 전 단계로 국가안보실 제2차장실의 역할 확대) - 대통령이 독자적 핵무장 결정을 내렸을 때 이를 신속하게 실행에 옮기기 위한 Plan B 수립 - 일본과 같은 수준의 핵잠재력을 확보하기 위해 한미원자력협정 개정 - 극비리에 핵실험 장소 물색 및 핵실험장 5~6개 정도 건설
2단계	**국가 비상사태 시 NPT 탈퇴**
3단계	**대미 설득 및 미국의 묵인하에 핵무장 추진** - 외부 안보 환경이 급격히 악화되거나 한국의 자체 핵무장에 열린 입장을 가진 미 행정부가 출범할 때 핵 개발 추진 - 핵무장 여부에 대해 NCND 정책을 취하거나 '조건부 핵무장' 입장 천명
4단계	**남북 핵 균형 실현 후 북한과 핵 감축 협상** - 북한의 핵무기가 감축되는 데 상응해 대북제재 완화, 한미연합훈련의 축소 조정, 북미 및 북일관계 개선, 금강산 관광 재개, 개성공단 재가동, 남북중 철도·도로 연결, 평화협정 체결, 북미 및 북일관계 정상화 등 추진

1. 핵자강을 위한 컨트롤 타워 구축 및 핵잠재력 확보

한국 정부가 핵자강의 방향으로 나아가기 위해서는 무엇보다도 이 같은 프로젝트를 구체화하고 실행에 옮길 수 있는 지휘부가 있어야 한다. 따라서 대통령실 국가안보실에 북핵 대응 문제를 다룰 제3차장실의 신설(또는 그 전 단계로 국가안보실 제2차장실의 역할 확대)이 필요하다.

국가안보실 3차장실(또는 2차장실)에서 수행해야 할 과제들은 다음과 같다.

◎ 일본과 같은 수준의 핵잠재력을 확보하기 위한 한미원자력협정 개정 협상 방안 수립 및 추진 (전문가들과 여론을 상대로 한미원자력협정 개정 여론 조성)

◎ 대통령이 독자적 핵무장 결정을 내렸을 때 이를 신속하게 실행에 옮기기 위한 Plan B 수립 (핵자강 로드맵 구체화, 핵 개발에 필요한 예산 확보, 조직 신설 등)

◎ 핵실험 장소 물색, 대규모 지하 탄약 저장 시설 건설 등의 명목으로 전방 지역의 산에 지하 핵실험장 5~6개 정도를 극비리에 건설

◎ 핵무장에 필요한 핵공학자와 기술자 등 인력과 시설 등 파악 및 확보 방안 수립

◎ 한국의 독자적 핵무장에 대한 국내외 여론 변화 추이 분석

◎ 한국의 핵무장에 반대하는 국가들을 설득하기 위한 정교한

외교전략 수립과 홍보 전개 (미국, 유럽, 일본, 중국, 러시아 설득 방안 구체화. 대미 의회외교 활성화 방안 수립 등)

◎ 핵무장에 우호적인 국내외 전문가들·정치인들과의 긴밀한 네트워크 구축 및 이들에 대한 지원 방안 수립

◎ 핵무장에 우호적인 여론을 형성하기 위한 홍보전략 수립 및 해외 공공외교 지원

◎ NPT 탈퇴 결정 시 미국(행정부와 의회)과 국제사회 설득 논리와 방안 구체화

◎ 핵무장 추진 시 야당 설득 및 초당적 협력 방안 수립

◎ 핵무장 추진 시 대對 북한 메시지 관리 방안 수립

한국의 독자적 핵무장에 반대하는 전문가 중 상당수도 한국이 일본과 같은 수준의 핵잠재력를 확보해야 한다는 주장에는 대체로 동의한다.[90] 다시 말해 핵잠재력 확보에 관해서는 우리 사회 내부에 광범위한 공감대가 형성되어 있고, 이는 NPT 탈퇴 없이도 추진할 수 있다. 그러므로 과거에 문재인 정부가 미국을 꾸준하게 설득해 한미 미사일지침 개정 및 폐기를 끌어낸 것처럼 윤석열 정부 또는 이후 정부도 미국을 설득해 가능한 한 가까운 미래에 한미원자력협정 개정을 성공시켜야 할 것이다.

한국은 2010년 10월부터 2015년 4월까지 미국과 원자력협정 개정 협상을 진행했으나 미국이 사용후핵연료 재처리와 농축 관련 의제에 대해 매우 비협조적 입장을 보였다. 특히 미 국무부의 '비확산

황제nonproliferation czar'로 알려진 로버트 아인혼Robert Einhorn 당시 비확산 담당 차관보는 아무리 평화적 목적일지라도 우라늄 농축이나 재처리는 한국에 절대 허용할 수 없다는 입장을 고수함으로써 그가 미국 측 협상 대표를 맡고 있는 동안에는 아무런 진전이 없었다.[91] 그러다가 2013년 5월 말에 미국 측 협상 대표가 토마스 컨트리맨Thomas Countryman으로 바뀌면서 협상은 타결되었지만, 한국 측이 실질적으로 확보한 성과는 미미했다.

2015년 개정 한미원자력협정과 1988년 개정 미일원자력협정[92]을 핵잠재력의 관점에서 비교하면 현재 일본이 확보한 권한이 한국보다 훨씬 크다. 그러므로 한국이 핵무장하면 일본도 따라서 핵무장하리라는 우려에 앞서 일본이 핵무장했을 때 한국이 일본을 따라가지 못하고 동북아에서 한국만 홀로 비핵국가로 남게 되는 최악의 시나리오부터 피해야 한다. 그러려면 먼저 일본과 같은 수준의 핵잠재력부터 확보하는 것이 시급하다.

먼저 우라늄 농축과 관련해 한미원자력협정과 미일원자력협정이 허용하는 수준은 판이하게 다르다. 2015년 개정 한미원자력협정에서 미국은 우라늄의 20% 미만 저농축을 '원칙적'으로 허용했다. 하지만 "고위급 위원회의 협의를 거쳐 서면 합의한다."라는 단서 조항이 있어, 20% 미만 저농축도 현실적으로 쉽지 않다.[93] 20% 이상의 우라늄 고농축은 한미원자력협정에 포함되어 있지 않다. 일본이 1988년 미일원자력협정을 통해 우라늄의 20% 미만 농축을 전면 허용 받고, '당사자 합의 시' 20% 이상의 고농축도 가능하도록 한 것과는 차원이

다르다.[94]

사용후핵연료의 재처리와 관련해서도 일본은 자유로운 국내외 재처리가 가능하지만, 한국은 파이로프로세싱의 전반부 공정에 한해서만 포괄동의를 부여받았다. 현재 국내에서 경수로원전 가동 후 배출된 사용후핵연료는 모두 '수水 냉각' 방식의 습식저장소에 보관 중이다. 문제는 이 저장 공간이 10년 이내에 포화 상태에 이른다는 점이다.[95] 서울대학교 원자력정책센터 자료에 따르면, 사용후핵연료를 재처리하면 부피는 20분의 1, 발열량은 100분의 1, 방사성 독성은 1,000분의 1로 줄어든다고 한다. 이 과정에서 얻은 저순도 플루토늄은 원자력 발전의 연료로 다시 사용할 수 있다. 그러나 플루토늄이 핵무기 개발에 선용될 수 있다는 우려 때문에 미국은 한국의 재처리 허용 요구를 거부해 왔다. 2015년 개정된 한미원자력협정에서도 재처리는 인정받지 못했고, 핵무기로 전용이 불가능한 재활용 기술(파이로프로세싱)의 연구만 일부 허용 받았다. 당시 협정을 통해 해외 위탁 재처리를 허용 받았지만, 사용후핵연료를 영국, 프랑스까지 싣고 갔다가 플루토늄을 제외한 나머지 고준위 방사성 폐기물을 다시 한국으로 반입해 보관해야 하기 때문에 막대한 비용이 든다.

반면, 일본은 1988년부터 미국의 재처리 금지 방침에서 예외를 인정받아 비핵보유국 중 유일하게 플루토늄을 쌓아 놓고 있다. 일본은 1968년에 체결한 미일원자력협정을 통해 일본 내 시설에서 사용후핵연료를 재처리할 권리를 얻었다. 그리고 1988년 개정 협정에서는 일본 내에 재처리 시설, 플루토늄 전환 시설, 플루토늄 핵연료 제작 공장 등을 두고 그곳에 플루토늄을 보관할 수 있는 '포괄적 사전동의'를 얻었다. 일본은 영국, 프랑스 등에서 위탁 재처리한 뒤 나온 플루토늄을 재반입해서 현재 47t 이상의 플루토늄을 보유하고 있으며,

〈표 7-2〉 한미와 미일 간의 원자력협정 비교

항목	한미 협정	미일 협정
원자력의 평화적 이용 (핵폭발, 군사이용의 금지)	○	○
핵연료 사이클 확립 여부	-	○
장기적 포괄동의 제도 도입	○	○
재처리	- 파이로프로세싱의 전반부 공정에 대한 포괄동의 - 해외 위탁 재처리 허용 (영국, 프랑스)	○ (포괄동의 부여)
핵물질, 파생물질 등의 제3국 이전	○ (포괄동의 부여)	○ (포괄동의 부여)
20% 이상의 우라늄 농축	20% 미만의 우라늄 저농축을 할 수 있는 경로의 확보	○ (사전동의 필요)
플루토늄, 우라늄 등의 형상 및 내용 변경	저농축우라늄의 형상, 내용 변경 가능(사전동의 필요)	○ (포괄동의 부여)
플루토늄, 고농축우라늄 저장	-	○ (포괄동의 부여)
플루토늄 운송	-	○ (포괄동의 부여)

자료: 전진호, "한미 원자력협정과 미일 원자력협정 비교 및 시사점: 한일 협정 및 한미 협정 개정 방향과 관련하여," 세종연구소 특별정세토론회 발표문 (2023.5.19.), 6쪽.

2021년부터는 매년 8t의 플루토늄을 자체 생산할 수 있다.

우라늄 및 플루토늄과 관련해 일본은 그것의 자유로운 형상 및 내용 변경이 가능하지만, 한국은 저농축우라늄의 형상 및 내용 변경에 대해서만 미국의 사전동의를 얻어서 할 수 있다. 고농축우라늄의 저장에 대해서도 일본은 포괄동의를 부여받았지만, 한국은 이런 핵 활동 자체를 인정받지 못했다.[96]

한국과 일본의 핵잠재력을 더욱 구체적으로 비교하면, 일본이 한국보다 확실하게 비교우위에 있다. 핵무기의 원료가 되는 플루토늄 보유량, 재처리 및 우라늄 농축 기술, 미사일 기술 등을 종합해 볼 때, 일본은 자체 핵 개발이 어느 정도 가능한 기술적 수준에 도달해 있으나, 한국은 일본보다 핵잠재력이 한참 낮은 수준이다.[97]

현재의 북핵 위협은 2010년대 상반기에 한미가 원자력협정 개정 협상을 진행할 때와 비교해 상당한 차이가 있고, 북한이 미 본토를 타격할 ICBM 능력을 거의 확보한 상태이기 때문에 확장억제에 대한 신뢰도는 갈수록 약화되고 있다. 그러므로 한국 정부가 핵 비보유를 전제로 미국과 한미원자력협정 개정 협상을 신속하게 재개해 가까운 미래에 사용후핵연료의 재처리와 우라늄 농축 분야에서 '미일원자력협정 수준으로의 한미원자력협정 개정'을 끌어낼 필요가 있다. 국내 전력 공급에서 원자력이 차지하는 비중이 약 30% 정도인 우리나라가 국내 원전에 필요한 5% 저농축우라늄을 전량 해외로부터 수입하고 있는 것은 에너지 안보 차원에서 심각한 취약성이 있음을 보여주는 것이다.[98]

<표 7-3> 한국과 일본의 핵잠재력 비교

항목	일본	한국
원자력 기술 등 기술 역량	기술적 차원에서 핵 개발 가능 : 플루토늄 및 재처리 기술/시설 보유, 우라늄 고농축 가능, 핵물질의 형상/가공 기술 보유, 위성 발사 능력	핵 개발 위한 일부 기술 보유 : 재처리(파이로프로세싱)의 일부 기술 보유, 우라늄 저농축 기술, 위성 발사 능력
미국과의 원자력 협정	- 협정 전문에서 원자력의 평화적 이용 규정 핵 개발 시 협정 종료. 핵물질, 설비 등 반환 - 핵연료 사이클 확립(플루토늄 생산 가능) - 핵 개발 시 새로운 협정 체결 필요	- 좌동 - 핵연료 사이클 미확립(플루토늄 보유 불가)
핵비확산 체제 관련	- IAEA와 보장조치 협정 체결. 핵 개발 시 IAEA 제재 - 핵 개발 시 NPT 탈퇴 - 미국 이외 국가와의 원자력협정도 종료	- 좌동
우라늄 수급[99]	- 천연 우라늄을 수입하는 국가와의 협정 종료 - 농축우라늄 확보 어려움 : 미국이 약 50% 공급하나 국내 농축도 가능	- 좌동 - 좌동 - 농축우라늄 확보 불가능 : 농축 기술 및 시설 미보유
미국의 정책	재처리와 우라늄 농축은 허용하고 있으나 조사	재처리는 파이로프로세싱의 전반 공정만 허용. 우라늄 저농축을 할 수 있는 경로 확보
반핵 정서	- 유일 피폭국인 일본 국민의 반핵 정서는 비교적 높음. 특별한 안보 상황 없는 한 핵 개발 쉽지 않음 - 후쿠시마 원전사고 이후 탈원전 의존 성향	- 핵 개발 용인 여론 높음 - 친원전 성향
잉여 플루토늄[100]	국내외 재처리로 상당한 플루토늄 보유. MOX 연료[101]로 재활용	연구용의 극소량의 플루토늄만 존재하며, 플루토늄 생산 기술 없음
무기급[102] 플루토늄 보유	미보유	좌동

자료: 전진호, 〈한미 원자력협정과 미일 원자력협정 비교 및 시사점〉, 8쪽.

한일 두 나라가 미국과 체결한 대부분의 원자력협정은 대부분 원자력의 평화적 이용을 전제로 하고 있다. 따라서 두 나라가 핵을 개발하면 이들은 대부분 종료되어 원자력 산업이 타격을 받을 수 있다. 그러므로 한국 또는 일본이 핵 개발을 추진하면서 상업용 발전을 계속하려면 새로운 원자력협정 체결이 필요하다.[103]

집권당인 국민의힘 북핵위기대응특별위원회가 2022년 11월 17일 정진석 비대위원장에게 전달한 특위 활동 중간보고서는 미국과의 정상회담·한미안보협의회의[SCM] 등을 통해 합의한 미국의 확장억제 강화와 관련해 "아직은 강력한 확장억제 제공 의지 표명 이외 확장억제 이행을 보장하는 실제적 조치가 미흡한 것이 사실"이라고 평가했다. 그리고 "핵무상 삼재력을 확보하기 위한 비밀 프로젝트를 기획해야 한다."라며 "현 수준을 평가하고, 최적의 핵무장 경로를 검토하는 등 한미 간 협정이나 핵확산금지조약을 위배하지 않는 잠재력 증대 방안을 우선 추진해야 한다."라고 지적했다.[104]

2. 국가 비상사태 시 NPT 탈퇴

한국의 안보 상황이 심각하게 악화된다면 정부는 국가 생존과 안보를 위해 핵확산금지조약[NPT] 탈퇴 문제를 진지하게 고려할 필요가 있다. 만약 한국이 NPT에서 탈퇴한다면 이는 한국도 핵무장의 방향으로 갈 수 있음을 시사하는 것이기 때문에 핵물질 보유에서 한국보다 열세에 놓여 있는 북한으로서는 크게 당혹해하지 않을 수 없을 것이다. 중국도 한국의 핵무장이 일본 및 대만의 핵무장으로 연결될 가능성을 우려하게 될 것이다. 그러므로 한국이 NPT 탈퇴로 핵무장 가능성을 열어 놓는 것은 한국의 대외 협상력 증대를 가져올 것으로 예상된다.

우리 사회 일각에서는 한국이 NPT에서 탈퇴하면 국제사회의 심각한 제재에 직면할 것이라고 주장하는데 이는 사실과 다르다. NPT 제10조 제1항은 "각 당사국은 당사국의 주권을 행사함에 있어서 본 조약상의 문제에 관련되는 비상사태가 자국의 지상이익을 위태롭게 하고 있음을 결정하는 경우에는 본 조약으로부터 탈퇴할 수 있는 권리를 가진다. 각 당사국은 동 탈퇴 통고를 3개월 전에 모든 조약 당사국과 유엔 안전보장이사회에 행한다."라고 규정하고 있다. 그러므로 탈퇴가 발효되는 3개월 후에 미국과의 협의 결과를 토대로 핵무장 추진 여부를 결정하면 될 것이다. 과거에 북한도 NPT에서 탈퇴했지만 그것 때문에 유엔안보리의 제재를 받지는 않았다.

북한의 NPT 탈퇴 후 불법적인 핵무기고 보유와 노골적인 대남핵 위협은 한국의 NPT 탈퇴 결정을 위한 기준들을 충족시키고 있다. 북한은 1985년 NPT에 가입했으나 국제원자력기구IAEA가 임시 핵사찰 후 추가로 특별 사찰을 요구한 데 반발해 1993년 탈퇴 의사를 밝혔다가 철회하고 미국과의 교섭에서 대북제재 완화, 경수로 제공을 약속받았다. 하지만 2002년 말 북핵 개발 의혹이 또다시 불거져 국제사회 이슈로 부상하자 북한은 2003년 1월 결국 NPT 탈퇴를 선언했다.

이후 북한은 2006년부터 2017년까지 여섯 차례 핵실험을 감행했고, 2017년에는 미 본토를 겨냥한 대륙간탄도미사일 개발에서 중요한 진전을 이룩했다. 2022년에는 북한이 전술핵무기의 전방 실전 배치 의지를 드러내고, 비핵국가인 남한에 대한 핵 선제 사용까지 정당화하는 핵무력정책법령을 채택했으며, 남한의 주요 군사지휘시설, 공항, 항만 등을 대상으로 하는 전술핵 모의 타격 연습까지 진행했다. 이 같은 사실은 분명히 한국의 '지상이익'을 위태롭게 하는 '비상사태'에 해당한다.[105]

한국이 NPT '탈퇴' 대신 '이행정지'라는 카드를 이용하면 국제사회의 직접적인 제재를 피할 수 있다는 지적도 있다. 이창위 서울시립대학교 법학전문대학원 교수는 조약법에 관한 비엔나협약을 보면, 조약의 위반 외에도 '후발적 이행불능'이나 '사정의 근본적 변경'도 이행정지를 위한 사유로 원용될 수 있다고 한다. 강대국들은 특히 군축조약의 폐기를 주장할 때 조약의 이행정지를 많이 원용한다. 따라서 이창위 교수는 불평등조약인 핵확산금지조약의 당사국이 필요에 따라 조약에서 탈퇴하거나 그 이행을 정지시킬 수 있다고 평가한다.[106]

한국이 독자적 핵무장의 방향으로 나아가기 위해 NPT 탈퇴가 반드시 필요한 이유는 이 조약이 핵무기 비보유국은 원자력을 핵무기 개발용으로 전용해서는 안 되며, 이를 위해 국제원자력기구의 사찰을 의무적으로 받도록 규정하고 있기 때문이다. 그러므로 한국이 NPT를 탈퇴하지 않은 상태에서 비밀리에 핵무기를 개발하는 것은

불가능하다.[107]

한국이 NPT 탈퇴 또는 이행정지를 선언한 이후에는 비확산체제를 유지하고자 하는 국가들과의 관계가 일시적으로라도 악화되지 않도록 대대적인 외교 캠페인이 필요하다. 비록 한국의 결정이 합법적이라고 해도 기존의 비확산체제를 유지하고자 하는 국가들은 한국의 결정에 심각한 우려를 표명하면서 한국이 NPT에 재가입하도록 하기 위해 압력을 가할 수 있다. 그러므로 한국 정부는 북한이 NPT에 복귀하거나 북한의 핵 위협이 해소되면 다시 NPT에 재가입할 것이라는 점을 공개적으로 천명할 필요가 있다. 그리고 한국은 여전히 미국과 긴밀한 동맹관계를 유지하길 원한다는 입장을 정부와 의회 차원에서 강력하게 선언해야 한다. 미국이 한국의 결정을 '마지못해' 수용하는 모습이라도 보인다면 그것이 한국이 이후 당면하게 될 수도 있는 위험한 시기를 헤쳐 나가는 데 도움이 될 것이다.[108]

3. 대미 설득 및 미국 묵인하에 핵무장 추진

NPT 탈퇴 선언 후 한국 정부는 미국과의 긴밀한 협의 및 묵인하에 핵 개발을 추진해야 한다. 다만, 미 행정부가 한국의 핵 개발에 강력하게 반대한다면 그보다 열린 입장을 가진 행정부가 출범할 때까지 핵무장 실행을 연기하는 것이 바람직할 것이다. 바이든 행정부는 한국의 독자 핵무장을 강력하게 반대하겠지만, 만약 한국과 일본의 핵무장에 대해 '열린' 입장을 가진 트럼프 전 대통령이 재선되거나 그와 비슷한 고립주의 노선을 지향하는 대통령이 차기 또는 차차기 대선에서 당선된다면 한국은 그때 미 행정부와의 긴밀한 협의를 통해 상대적으로 순조롭게 핵무장의 방향으로 나아갈 수 있을 것이다.

핵무장의 방식으로는 이스라엘처럼 은밀하게 핵무장을 추진하면서 핵무장 여부에 대해 공식적으로는 긍정도 부정도 하지 않는 NCND Neither Confirm Nor Deny 정책을 취하면서 비공식적인 방식을 통해 핵무장 사실을 대내외에 인식하게 하는 방식과 핵무장 완료 후 '북한이 핵을 포기하면 한국도 핵을 포기할 것'이라는 '조건부 핵무장' 입장을 천명하는 방식이 있을 수 있다. 첫 번째 방식은 한국의 핵무장에 대한 미국과 국제사회 일각의 반대를 완화시킬 수 있는 장점이 있지만, 이 같은 방식을 채택할 경우 북한과의 핵 감축 협상이 어려워질 수 있다. 그러므로 미국의 묵인하에 은밀하게 핵무장을 추진하고, 그것이 완료된 후 '북한이 핵을 포기하면 한국도 핵을 포기할 것'이라는 조건부 핵무장 입장하에 북한과 핵 감축 협상을 시도하는 것이 바람직하다.[109] 한국 정부는 핵실험을 진행함으로써 전 세계가 한국의 핵 보유 사실을 인지하게 되는 시점에 '조건부 핵무장' 선언을 할 수 있을 것이다. 한국 정부가 본격적으로 핵무장을 추진한다면 핵무장 완료 시점이나 그 이전에 전시작전통제권 전환도 이루어질 수 있도록 미국과 협의를 진행하는 것이 필요하다.

일부 전문가는 한국이 핵무장을 위해 "설사 무기급 핵연료를 확보하고 핵탄두를 제조한다 해도 인구가 과밀한 남한 땅에서 이를 검증할 핵실험 장소를 구하기 어렵다."라고 주장한다. 그러나 남한 인구의 절반 이상이 수도권에 거주하고 있고, 수도권 이외의 지역에서는 '지방소멸' 현상까지 발생하고 있으므로 핵실험 장소를 구하는 것이 불가능하지는 않다. 북한이 길주군 풍계리의 만탑산에 만든 것처럼 한국도 전방 지역 산에 핵실험용 갱도들을 만들어 저위력 핵무기로 핵실험을 진행하는 방안을 고려할 수 있다. 그리고 핵실험으로 인해 소규모 인공지진이 발생하면 전방 지역의 지하 폭탄 저장 시설에서 폭발사고가 발생했다고 발표함으로써 핵실험 사실을 은폐할 수 있을 것이다.

물론 일부 국가나 전문가들, 언론 등이 의구심을 제기할 수는 있지만, 그들이 현장을 방문하지 않는 한 핵실험 여부를 정확하게 파악하기는 어려울 것이다. 이와 관련해서는 북한의 2006년 10월 제1차 핵실험 후 외부세계의 평가를 고려할 필요가 있다. 당시 한 미국 정보당국자는 "폭발 규모가 1킬로톤(kt) 미만이어서 핵실험에 의한 폭발인지 단정할 수 없다."라고 AFP통신에 말했고, 이 당국자는 과거에 실시된 핵실험들은 폭발 규모가 TNT 수kt에 달했다고 지적하며 북한이 거짓말했을 가능성도 배제할 수 없음을 시사했다. 로이터통신도 다른 미 국방부 관리의 말을 인용, "리히터 규모 4 미만의 진동 결과로 볼 때 핵실험보다는 TNT 수백t의 폭발로 일어날 수 있는 종류의 일"이라고 전했다. 미셸 알리오 마리 프랑스 국방장관도 자국 원자력위원회로부터 북한의 폭발이 0.5kt에 해당한다는 통보를 받고 "이것이 핵장치에 의해 이루어진 것인지는 분명치 않다."라고 지적했다.[110] 그러므로 한국 정부가 저위력 핵무기로 핵실험을 진행해 인공지진이 발생할 경우 그것이 핵실험에 의한 것인지 TNT 폭발에 의한 것인지 외국 정부나 전문가가 구분하기는 쉽지 않을 것이다.

그리고 한국 정부가 저위력 핵무기로 핵실험을 진행한다면 그로 인해 발생하는 인공지진의 피해도 관리 가능한 수준이 될 것이다. 2023년 5월 15일 오전 동해 북동쪽 59km 해역에서 올 들어 국내 최대인 규모 4.5의 지진이 관측되었는데, 이는 2009년 5월 25일 북한이 풍계리 서쪽 갱도에서 벌인 제2차 핵실험 당시 관측된 인공지진과 동급 규모였다. 당시 북한 핵실험의 위력은 3~4kt 수준이었다. 지난 5월의 지진으로 국내에서 큰 피해가 발생하지 않은 점에 비추어 볼 때, 한국 정부가 저위력 핵무기로만 핵실험을 한다면 국민에게 큰 피해를 주지 않을 것으로 예상된다. 물론 한국 정부가 핵실험을 진행할 경우에는 그전에 미리 지진 대비 대책을 철저하게 수립하고, 인공지진으로 주민피해가 발생할 경우 신속하게 보상함으로써 국민 불편을 최소화해야 할 것이다.

4. 남북 핵 균형 실현 후 북한과의 핵 감축 협상

재래식 무기 분야에서 한국보다 절대적 열세에 있는 북한이 '완전한 비핵화'를 수용할 가능성은 희박하다. 그러므로 남북이 핵 감축 협상을 통해 남북 모두 핵무기 보유량을 '10~20개 이하'로까지 줄이는

'준準 비핵화'를 현실적인 목표로 설정하고, 미국과의 긴밀한 협의하에 북한의 핵 감축에 상응해 국제사회의 대북제재를 단계적으로 완화하는 방안을 추진하는 것이 필요하다. 만약 북한의 핵무기 보유량이 '10~20개 이하'로 줄어든다면 북한이 외부로부터 공격을 받았을 때 방어용으로 핵무기를 사용할 수는 있어도 선제공격용으로 사용하기는 어려울 것이다.

북한의 핵무기 보유량이 늘어나면 북한은 핵무기를 갖고자 하는 중동 국가들에 판매하고자 하는 유혹을 느낄 수도 있다. 하지만 북한의 핵무기 보유량이 '10~20개 이하'로 줄어든다면 그만큼 핵확산 가능성도 줄어들 것이다. 그리고 북한의 핵무기 보유량이 이 정도로 줄어든다면 북한의 핵 위협도 줄어들고 북한의 핵 사용 문턱도 현저하게 높아질 것이다. 현재 북한은 80~90여 발 정도의 핵탄두를 보유하고 있는 것으로 추정되고 있는데,[111] 만약 남북 핵 감축 협상을 통해 북한의 핵무기 보유량을 '10~20개 이하'로 줄일 수 있다면 한반도와 동북아 그리고 미국 본토는 그만큼 더욱 안전해질 것이다.

남북 핵 감축 협상으로 북한이 핵실험과 ICBM 시험발사에 대한 모라토리엄을 선언하고, 북한의 핵무기가 중국으로 반출되어 폐기되면 그 수준에 상응해 국제사회는 다음과 같은 조치를 고려할 수 있을 것이다.

1) 북한이 핵실험과 ICBM 시험발사에 대한 모라토리엄을 선언하고 보유 핵무기의 1/5 정도 폐기를 수용하며 그 같은 합의가

순조롭게 진행되면, 한미는 연합훈련, 특히 공중연합훈련을 축소 조정하고, 미국과 일본은 북한과 연락사무소를 설치하며, 유엔안보리는 북한의 광물 수출에 대한 제재를 해제하고, 남북한은 금강산 관광을 재개하며 개성공단을 재가동

- 북한을 다시 협상 테이블에 불러오기 위해서는 북한이 강력하게 요구하는 한미연합훈련의 중단 문제에 대해 비핵화의 진전에 따른 단계적 축소·조정을 고려하는 것이 필요

2) 북한이 핵무기를 2/5 정도까지 폐기하는 데 합의하고 그 같은 합의가 순조롭게 진행되면, 한미는 연합훈련을 추가 축소 조정하고, 미국과 일본은 북한과 영사급 관계를 수립하며, 유엔안보리는 북한에 대한 징유 수출 제한 제재를 해제하고, 남·북·중은 3국 철도·도로 연결 추진

3) 북한이 핵무기를 3/5 정도까지 폐기하는 데 합의하고 그 같은 합의가 순조롭게 진행되면, 남·북·미·중이 평화협정을 체결하고 유엔안보리는 북한의 수산물 수출 등에 대한 제재를 해제하며, 한국은 북한의 특구에 투자

4) 북한이 핵무기를 4/5 정도까지 폐기하는 데 합의하고 그 같은 합의가 순조롭게 진행되면, 미국과 일본은 북한과 관계를 정상화하고, 유엔안보리는 대북제재의 4/5 정도를 해제

미국 여론조사기관 '해리스 폴The Harris Poll'이 2023년 2월 3일 발표한 여론조사 결과에 따르면, 미 국민 대다수가 미·북 간 긴장 완화

를 위한 대화를 지지하는 것으로 나타났다. 이에 따르면 미 국민의 68%는 "미국 대통령이 북한 지도자에게 직접 회담을 제안해야 한다."라고 답했다. 또 미 국민의 58%는 미국이 북한 비핵화 조치의 대가로 외교적 또는 경제적 인센티브, 즉 유인책을 제공해야 한다고 밝혔다. 아울러 "미국이 북한과 평화협정을 체결해야 한다."라고 말한 미 국민도 과반이 넘는 52%로 나타나 지난 2021년에 진행했던 같은 조사보다 11%포인트 상승했다.[112] 미국 국민의 이 같은 여론을 고려해 북한 핵 감축의 3단계에서 남북미중의 평화협정을 체결하겠다고 하면 협상 진전에 도움이 될 것이다.

북한의 '완전한 비핵화' 대신 '준準 비핵화'를 목표로 협상을 추진하는 것에 대해 그것이 북한의 핵 보유를 인정하는 것이 될 수 있다는 비판이 있을 수 있다. 그러나 북한의 '완전한 비핵화'라는 이상적인 목표만을 고수함으로써 아예 북한과의 협상 테이블에 앉아 보지도 못하고 계속 북한 핵탄두의 '기하급수적' 증가를 지켜만 보아야 하는 것보다는 북한의 '완전한 비핵화'를 장기적 목표로 설정하고 일단 북한의 '준 비핵화'를 우선적인 협상 목표로 설정해 부분적인 핵 감축이라도 실현할 수 있다면 그것이 더 현실적인 선택일 것이다. 사실 북한 핵무기의 부분 감축도, 북한의 '준 비핵화'라는 목표도 현실적으로는 달성하기 어려운 과제다. 그러나 북한 핵무기의 기하급수적 증가를 막고, 국제사회에서 한국의 '조건부 핵무장' 입장을 정당화하며, 남북 긴장 완화를 이끌어내기 위해 한국 정부는 북한과의 핵 감축 협상 의지를 계속 과시할 필요가 있다.

남북 핵 감축 협상을 통해 북한의 핵무기가 줄어들고 유엔안보리의 대북제재도 완화되면 한국 정부는 단계적으로 남북교류협력을 복원하고 확대하는 방향으로 나아갈 수 있을 것이다. 그러므로 진보 진영과 정치권도 독자적 핵무장에 대해 편견과 선입견으로 무조건 반대만 할 것이 아니라 핵자강을 통해 핵 감축과 남북관계 정상화의 방향으로 나아가는 방안을 전향적으로 고려해야 한다.

한국의 독자적 핵무장에 대한 국제사회 설득 방안

2016년 북한의 제4차 핵실험 이후부터 미국의 주요 대선 후보 및 대통령 그리고 고위 관료들에게서 한국의 핵무장을 용인할 수 있다는 목소리가 나왔다. 2021년부터는 미국 학계에서 한국의 독자적 핵무장을 미국이 용인해야 한다는 목소리도 본격적으로 나오고 있다. 그러므로 미국이 한국의 핵무장을 '절대로' 용납하지 않을 것이라는 주장은 이제 더는 타당하지 않다. 만약 미국의 차기 대선에서 트럼프나 비슷한 성향의 정치인이 당선되면, 한국은 비교적 순탄하게 핵무장의 방향으로 나아갈 수 있을 것이다. 그러나 한국의 정치 지도자가 북한의 '완전한 비핵화'라는 실현 불가능한 목표에 계속 집착하거나 '일시적인 제재'가 두려워 미국과 국제사회를 설득할 결기와 결단력을 갖지 못한다면, 한국이 독자적인 핵무장을 통해 '남북 핵 균형'을 실현할 수 있는 '기회의 창'이 열려도 그것을 잡지 못하고 계속 북한의 핵 위협하에서 살아야 할 것이다.

1. 한국의 독자 핵무장에 대한 미국의 여론 변화와 대미 설득 방향

한국의 핵자강 반대론자들은 미국이 한국의 핵무장을 '절대로' 용납하지 않을 것이라고 주장하면서 한국의 독자 핵무장 주장이 '비현실적', '초현실적'이라고 비판한다. 하지만 미국 내에서의 논의를 면밀히 분석해 보면, 2013년 북한의 제3차 핵실험 이후 학계에서부터 한국의 핵자강에 대한 열린 입장이 나타나기 시작했다. 그리고 2016년 북한의 제4차 핵실험 이후부터는 미국의 주요 대선 후보 및 대통령 그리고 고위 관료들에게서 한국의 핵무장을 용인할 수 있다는 목소리가 나왔다. 김정은이 노동당 제8차 대회에서 핵무력의 급속한 고도화 목표를 제시한 2021년부터는 미국 학계에서 한국이 독자적 핵무장을 추진할 경우 미국이 그것을 용인해야 한다는 목소리도 본격적으로 나오고 있다. 2023년 3월에는 한국의 자체 핵 보유에 대해 미국인 41.4%가 찬성하고, 31.5%가 반대하는 것으로 나타나 찬성 비율이 9.9%포인트나 높게 나온 여론조사 결과도 발표되었다.[113]

그러므로 미국이 한국의 핵무장을 '절대로' 용납하지 않을 것이라는 주장은 이제 더는 타당하지 않다. 다만, 현재 바이든 행정부와 미국의 외교안보 전문가 다수가 여전히 한국의 핵자강에 대해 부정적인 태도를 갖고 있으므로 한국 정부가 (아직은 그럴 의지도 없지만) 즉각적인 핵무장을 추진하려 한다면 그들을 설득하는 것은 쉽지 않은 과제가 될 것이다. 그러나 차기 또는 차차기 미 대선에서 공화당 후보가 당선될 경우에는 한국의 독자적 핵무장에 대한 한미 협의가 더욱 순조롭게 진행될 수 있고, 북한의 핵과 미사일 역량이 더욱 고도화되면 한국의 핵자강에 대한 미국의 여론도 더욱 우호적으로 바뀔 수 있다. 따라서 한국 정부가 먼저 일본과 같은 수준의 핵잠재력부터 확보하고, 긴 호흡을 가지고 독자적 핵무장을 추진하는 것이 바람직하다. 이를 위해 2013년 이후 한국의 독자적 핵무장에 대한 미국의 주요 전문가들과 정치인들 그리고 여론이 어떻게 바뀌어 왔는지 면밀히 분석함으로써 변화의 추이를 정확히 파악할 필요가 있다.

1-1. 북한의 제3차 핵실험(2013) 이후의 변화

미국에서 한국이 독자적 핵무장 옵션을 고려해야 한다는 주장이 나오기 시작한 것은 김정은 정권 출범 이후인 2013년 2월 12일 북한의 제3차 핵실험 직후부터였다. 현실주의 국제정치이론의 대가인 존 미어샤이머 미국 시카고대학교 교수는 같은 해 2월 23일자 〈중앙일보〉에 게재된 인터뷰에서 "제3차 핵실험까지 성공적으로 마친 북한은 이제 의심할 여지 없는 '핵무장국nuclear-armed state'"이라고 평가했다. 그리고 "미국의 생존이 위협받지 않는 상황에서 미 대통령이 핵전쟁의 위험을 무릅쓰고 한국이나 일본을 보호하기 위해 핵무기를 사용하는 결단을 내릴 수 있을까? 이런 의구심은 한국이나 일본이 자체 핵무장을 검토하는 강력한 유인이 될 것이다."라고 지적했다. 이어서 존 미어샤이머 교수는 한국이 자체 핵무장이나 전술핵 재배치를 옵션으로 유지할 필요가 있다고 주장했다.[114]

2015년 4월에는 찰스 퍼거슨 미국과학자협회 회장이 비확산 전문가 그룹에 비공개로 회람한 〈한국이 어떻게 핵무기를 확보하고 배치할 수 있는가〉라는 제목의 보고서에서 한국의 핵무장 가능성을 상세하게 분석했다. 이 보고서는 "현재 한국이 국제 핵비확산체제의 강력한 수호자일 뿐만 아니라 미국으로부터 확장억지력을 제공받고 있어 핵무장에 나서지 않을 것이라는 견해가 지배적이지만, 동북아 정세의 변화 속에서 국가안보가 중대한 위협에 직면할 경우 핵무장의 길에 나설 가능성이 있다."라고 지적했다. 퍼거슨 보고서는 "동북아 지역 안보 환경 전개 상황에 따라 미국은 비밀리에 일본과 한국의 핵무기 개발을 환영할 수도 있다. 이런 태도는 미국의 핵비확산 정책에 후폭풍을 불러일으킬 수 있음에도 불구하고, 북한이 핵무력을 발전시키고 주요한 동맹 세력인 한국과 일본이 위험에 노출될 경우 미국의 선택지는 몹시 제한적일 것이다."라고 지적했다.

그리고 주요 국제교역국인 한국이 핵무장에 나설 경우 국제적 제재로 경제가 어려워질 수 있지만, 1998년 핵실험을 강행한 인도의 사례를 보면 그 제재가 오래가지는 않을 것이라고 평가했다. 한국의 NPT 탈퇴가 국제제재로 이어질 수 있지만, 원자력 산업 분야에서 한국과 합작 중인 미국, 프랑스, 일본 등의 국가들이 손해를 감수하면서 심각한 수준의 제재를 가하지는 않을 것으로 전망했다.[115] 국제정치와 핵확산 분야에서 대표적인 미국의 전문가들이 이처럼 2013년부터 한국의 독자적 핵무장에 대해 상대적으로 열린 태도를 보이기 시작한 것은 김정은 집권 이후 북한의 핵과 미사일 능력이 급속도로 고도화되고 북한의 핵 포기 가능성이 희박해진 것과 밀접한 관련이 있다.

북한의 제4차 핵실험 이후인 2016년부터는 미국의 정치권에서도 한국의 핵무장을 긍정적으로 고려하기 시작했다. 당시 도널드 트럼프 미국 공화당 대선 후보는 한국과 일본이 북한과 중국으로부터 보호받기 위해 미국의 핵우산에 의존하는 대신 스스로 핵을 개발하도록 허용할 것이라면서 현재와 같은 미국의 나약함이 계속된다면 결국 일본과 한국은 핵무기를 보유하고자 할 것이라고 지적했다.[116] 그리고 트럼프는 한국과 같은 동맹국들이 주한미군 주둔비용을 100% 부담하지 않으면 자체 핵 개발을 통해 안보 문제를 스스로 책임져야 한다고 주장했다. 이처럼 한국과 일본의 핵무장에 대해 '열린 태도'를 가진 도널드 트럼프가 2016년에 대통령에 당선되었지만, 문재인 대통령은 '한반도 비핵화'라는 비현실적이고 이상적인 목표에만 매달림으로써 미국의 묵인하에 독자적 핵무장으로 나아갈 수 있는 절호의 기회를 놓쳤다. 그리고 문 대통령은 믿었던 김정은으로부터 핵무기를 갖지 못한 남한군은 북한군의 상대가 되지 못한다고 무시당하는 처지에 놓이게 되었다.

2017년 3월 18일 렉스 틸러슨Rex Wayne Tillerson 미국 국무장관은 한국 방문을 마친 뒤 중국으로 이동하는 전용기 안에서 그의 아시아 순방을 수행하는 〈인디펜던트 저널 리뷰〉 기자와 한 인터뷰를 통해 "북핵은 임박한 위협imminent threat인 만큼 (북핵) 상황 전개에 따라 미국은 한국과 일본의 핵무장 허용을 고려해야 할 수도 있다."라고 밝혔다. 이는 미국이 1991년 한반도에서 철수한 전술핵 재배치를 넘어 북한에 대한 군사적 억제를 위해 한국의 자체 핵무기 개발을 제한적으로나마 허용할 수도 있다는 의미로 해석되었다.[117]

트럼프 전 대통령이 한국과 일본의 핵무장 용인 입장을 대통령 당선 이후에도 한동안 계속 가지고 있었다는 것은 이후 여러 보도를 통해 확인되었다. 미국 바드대학교Bard College 교수인 국제정치전문가 월터 러셀 미드Walter Russell Mead는 2017년 9월 4일 미 일간지 〈월스트리트저널WSJ〉에 기고한 글에서 트럼프 대통령이 일본과 한국 및 대만의 핵 보유를 긍정적으로 보고 있다고 지적했다. 미드 교수는 기고문에서 "북한 위기는 미국에 달갑지 않은 두 가지 선택지를 안겼다."라며 "70년간 미국이 지켜 왔던 전략을 폐기함으로써 아시아에서 불안정성을 고조하거나, 포악하고 부도덕한 북한 정권과 전쟁 위험을 각오하는 것"이라고 분석했다.

그의 견해에 따르면, 북핵 위기와 관련해 트럼프 행정부 내의 시각은 둘로 갈라져 있었다. 백악관 고위 참모 등 일부 전문가들은 일본의 핵무장을 막고 미국의 핵우산을 제공하는 현 상태를 유지하는 것이 미국의 이익에 가장 부합한다고 보았다. 이와 반대로, 동아시아의 핵무장을 미국 외교의 '실패'가 아니라 '승리'로 여기는 시각도 있었고, "트럼프 대통령도 여기에 포함될 수 있다."라고 미드 교수는 평가했다. 이들은 일본과 한국, 나아가 대만까지도 핵을 가짐으로써 중국의 지정학적 야욕을 억제할 수 있다고 보았다.[118]

2017년 9월 8일 미 NBC뉴스도 트럼프 행정부가 대북 옵션으로 한국 내 전술핵 재배치, 한국·일본의 핵무장 용인 등을 검토하고 있다고 보도했다. NBC는 "많은 이가 가능성이 없다고 본다."라는 전제를 달면서도 전술핵 배치는 30여 년에 걸친 미국의 한반도 비핵화 정책과 단절하는 것이라고 설명했다. 또 중국이 원유 수출을 차단하는 등 대북 압박을 강화하지 않으면 한국과 일본이 독자적인 핵무기 프로그램을 추구할 수 있으며, 미국은 이를 막지 않겠다는 뜻을 미국 관리들이 중국 측에 밝혔다고 한 당국자는 전했다.[119]

2017년 10월 5일 미국의 맥 손베리 하원 군사위원장도 미국 워싱턴 D. C. 헤리티지재단에서 열린 토론회에 참석해 한일 양국이 북핵 위협에 대응해 자체 핵무기 보유를 고려하는 것을 이해할 수 있다고 말했다. "한국과 일본이 자체 핵무장에 나서야 하는가?"라는 질문을 받은 손베리 위원장은 "나는 일본이 한국과 마찬가지로 자국을 방어하기 위해 모든 대안을 고려해야만 한다는 점에 완전히 동의합니다. 자체 핵무장도 물론 그중 하나입니다."라고 답변했다. 손베리 위원장은 일본은 현재 자체 핵무기 개발이 언제라도 가능한[fully able] 상태라 더 민감하다고 지적하면서 일본 측에 "방어용 자체 핵무기 개발을 하면 안 된다고 말하진 않겠다."라면서도 "현 시점에서 핵무기가 절대 필요하다고도 말하지 못하겠다."라는 애매한 입장을 보였다. 손베리 위원장은 이어 한일 양국의 자체 핵무장 논의는 중국을 자극해 중국이 더 적극적으로 북핵 문제 해결에 나설 수 있는 유인책이 될 수 있다고 지적했다.[120]

미국 하원 외교위원회 소속으로 한반도 문제를 다루는 동아태소

위원회 공화당 간사인 스티브 차보트Steve Chabot 의원도 2021년 3월 16일 〈워싱턴타임스〉와 세계평화국회의원연합IAPP이 공동 주최한 동북아 관련 온라인 세미나에서 "중국이 밤에 깨어 있도록 겁을 줄 수 있는 것은 핵을 가진 일본이나 핵을 가진 한국이다. 이를 진지하게 논의할 필요가 있다."라고 지적했다. 그리고 "우리가 그들의 핵무장을 도와야 한다는 것은 아니지만, 두 나라와의 진지한 대화는 우리가 해야 하는 일이라 생각한다."라고 강조했다.[121]

스티브 차보트 의원은 2022년 9월 15일 미국을 방문한 태영호 국민의힘 의원을 만난 자리에서도 "중국이 북한을 비핵화 협상 테이블로 나가도록 먼저 압박하게 하는 것이 중요하고, 이런 수단의 하나로 미국이 한국, 일본과 핵무장을 논의하는 모습을 보여 주는 것이 필요하다."라고 지적했다. 그리고 "지금처럼 북한의 핵무장을 묵인하거나 심지어 군사경제원조와 같은 지원을 계속하는 상황에서 북한이 비핵화 협상장에 나올 가능성은 없다."라면서 "북한이 핵무기를 가지고 한국을 계속 위협하고 있는 상황에서 한국과 일본은 스스로 핵무장을 고려할 권리가 있다."라고 강조했다.[122]

로널드 레이건 전 대통령의 보좌관이었던 더그 밴도우Doug Bandow 케이토연구소 선임연구원도 2022년 10월 미국의 소리 방송VOA과의 인터뷰에서 한국이 독자적 핵무장 결정을 내릴 경우 미국은 그 같은 결정을 수용해야 한다고 주장했다. 밴도우 연구원은 미국이 한국 방어를 위해 미국 도시들의 희생을 감수할 의지가 있을지에 대해 한국은 불안한 입장이라며, 앞으로 북한이 더 많은 핵무기뿐만 아니라 미국 본토를 효율적으로 겨냥할 수 있을 것으로 추정되는 장거리 미사일을 개발할수록 이런 우려는 더 커질 것이라고 설명했다. 밴도우 연구원은 따라서 이런 상황을 고려할 때 한국이 직접 핵무기를 개발할지 심각하게 고민해 보는 것이 타당하며, 한국의 방어를 위한 결정은 궁극적으로 미국이 아닌 한국 스스로 내려야 한다고 주장했다. 또한 미국은 그 결정이 못마땅하더라도 북한에 맞서야 할 필요성을 느끼는 오랜 동맹의 앞길을 막아선 안 된다고 덧붙였다.[123]

최석훈 랜드연구소 연구위원도 2022년 10월 VOA와의 인터뷰에서 한국 자체 핵무장이란 선택지를 논의해야 할 시간이 이미 오래전에 도래했다고 지적했다. 그리고 한국은 물론 동맹인 미국이 억지력을 높이고 한국을 더 잘 방어할 수 있는 모든 선택지를 고려하지 않는 것은 무책임하다는 것이다.[124]

2021년부터는 한국 정부가 독자적 핵무장을 결정하면 미 행정부는 그것을 수용해야 한다는 미국과 한국, 영국 전문가들의 기고문이 〈워싱턴 포스트Washington Post〉[125], 〈포린 폴리시Foreign Policy〉[126], 〈디플로맷The Diplomat〉[127], 〈내셔널 인터레스트The National Interest〉[128] 같은 언론과 전문학술지 등에 계속 게재되고 있다. 이처럼 도널드 트럼프 전 대통령, 하원 외교위원회 동아태소위원회 공화당 간사 그리고 미국의 권위 있는 학자들과 다수의 전문가들이 한국의 핵무장에 대해 열린 입장을 보이고 있으므로 미국이 한국의 핵무장을 '절대로' 용납하지 않을 것이라는 일부 전문가들의 주장은 타당하지 않다. 물론 아직까지는 미국에서 한국의 독자적 핵무장에 반대하는 전문가가 다수를 차지하고 있어 한국이 핵무장을 결정할 경우 그 같은 결정에 반대하는 전문가들을 설득하는 것이 쉽지 않은 과제가 될 것이다.

한국의 핵무장에 대한 미국 내의 논의들을 냉정하게 자세히 들여다보면, 핵무장에 반대하는 비확산론자들의 시각과 핵무장을 수용해야 한다는 현실주의적 시각이 공존한다. 김정은 집권 이후 북한의 2013년 제3차 핵실험과 2016년 제4차 핵실험 그리고 2017년 수소폭탄 핵실험과 세 차례 ICBM 시험발사 등을 경험하면서 미국의 전문가들과 정치인들 대부분은 북한의 비핵화 가능성에 회의적이 되었고, 일부 전문가들과 영향력 있는 정치인들은 한국의 독자적 핵무장에 대해 상대적으로 열린 태도를 갖게 되었다. 그러므로 김정은 집권 이전에 미국이 한국의 핵무장에 대해 취했던 태도와 김정은 집권 이후 변화하고 있는 미국의 태도를 동일시하는 것은 부적절하다.

2021년부터는 미국 내에서 한국의 독자적 핵무장에 대한 찬반 논쟁도 시작되었다. 2021년 10월에는 미국 다트머스대학교의 제니퍼 린드Jennifer Lind와 대릴 프레스Daryl G. Press 교수가 7일 자 〈워싱턴 포스트WP〉에 '한국은 자체 핵폭탄을 만들어야 하는가?'라는 제목의 칼럼을 공동 기고해 한국의 독자적 핵무장 옵션을 옹호했다. 이에 미 스탠포드대학교 박사과정에 있으면서 국제안보 및 협력센터 연구원으로 있는 로렌 수킨과 카네기재단 핵정책프로그램 책임자인 토비 달튼Toby Dalton이 같은 달 26일 미국의 안보 전문 인터넷사이트인 '워 언 더 록스War On the Rocks'에 '한국이 독자 핵무장을 하면 안 되는 이유'라는 제목의 글을 기고해 한국의 독자적 핵무장에 반대 입장을 천명했다.

그리고 2022년 10월에는 트위터에서 한국의 독자적 핵무장을 지지하는 로버트 켈리Robert E. Kelly 부산대학교 정치외교학과 교수와 반대하는 토비 달튼 간에 논쟁이 진행되었다. 미국의 소리 방송VOA은 2022년 12월 23일 한국의 독자적 핵무장을 수용해야 한다는 대릴 프레스와 반대하는 로버트 아인혼 전 국무부 비확산·군축 담당 특별보좌관과의 대담/논쟁을 소개했다.[129] 이 방송은 또 2023년 2월 3일 한국의 독자적 핵무장을 수용해야 한다는 더그 밴도우 케이토연구소 선임연구원과 반대하는 브루스 클링너Bruce Klingner 헤리티지재단 선임연구원과의 대담/논쟁을 소개했다.[130]

제임스 제프리 전 백악관 국가안전보장회의NSC 부보좌관은 2023년 2월 VOA에 북한이 미국 본토 타격 역량을 완성할 경우 과거 소련이 그 수준에 도달했을 때와 비슷한 파장을 일으킬 것이라고 말했다. 그러면서 현재의 확장억제에 더해 미국의 전술핵무기 한국 재배치, 나토식의 핵무기 공동 통제, 한국 자체 핵 개발 등을 고려할 수 있다고 설명했다. 제프리 전 부보좌관은 "한국이 드골 대통령 당시 프랑스처럼 자체 핵능력을 개발하겠다는 결정을 할 수 있으며, 한국 대통령이 이미 그 부분을 암시했다."라고 평가했다. 이어 "이런 매우 중대한 군사적 조치들은 북한이 역내에 제기하는 위협에 대한 미·한 간 통합된 외교전략과 따로 추진할 순 없다."라고 지적했다. 제프리 전 부보좌관은 아울러 한국의 여론에 미국이 귀를 기울여야 한다며 "민주주의 체제에서 국민의 목소리는 중요하기 때문"이라고 덧붙였다.[131]

한편, 중국의 대만 침공을 막지 못한다면 한국과 일본, 호주 등에서 독자 핵무장론이 거세질 것이라는 전망도 미국에서 나왔다. 하와이 소재 민간연구소인 '퍼시픽포럼'은 2023년 2월 〈대만 함락 이후의 세계〉라는 보고서를 내고 중국이 대만을 강제 병합할 경우 미국과 동맹국에 미칠 영향을 분석했는데, 저자 중 한 명인 워싱턴 '프로젝트 2049 연구소'의 이언 이스턴 선임국장은 대만 함락은 미국의 세계적인 지도력을 약화시키고 미국의 동맹체제와 유엔을 압박하며 심지어 해체로 이어질 수 있다고 전망했다. 특히 한국, 일본, 호주가 모두 자체 핵무기를 가지려 할 것이라며 "핵무기 군비경쟁이 시작되고 통제 불능으로 치닫기 쉽다."라며 "제3차 세계대전 발발 가능성이 그 어느 때보다 높아질 것"이라고 예상했다.

이스턴 국장은 중국의 대만 침공 시 "한국은 중국의 궤도로 끌려가는 것을 느낄 것이며, 서울의 정책 입안자들은 자유와 주권을 중국에게 빼앗기거나 미국, 일본과 함께 중국 공산당의 영향력에 저항하는 불쾌한 선택에 직면할 것"이라고 전망했다. 이어 "한국은 핵무장을 통해 독자적인 억지력을 구축함으로써 중국의 점령을 피하려고 시도할 것"이라고 예측했다. 이스턴 국장은 또 북한은 중국의 도움을 구해 한국 공격에 나설 수 있고, 중국은 주한미군을 몰아내기 위해 북한의 침략을 어느 정도 지원할 수 있다고 평가했다.[132]

한반도 문제 전문가인 스콧 스나이더Scott Snyder 미국외교협회CFR 미한정책국장은 2023년 4월 〈뉴스핌〉과 특별 인터뷰에서 북한의 핵위협이 현실화하고 있는 상황이므로 미국 정부도 결국 한국의 핵무장을 인정하게 될 것이라고 전망했다. 스콧 스나이더는 한국의 자체 핵무장에 대한 한미 간 논의 전망에 관해 질문을 받고 "나는 이 문제에 대한 논의가 장기화하기를 기대합니다. 한미 양국 정부의 현재 주요 초점은 미국이 했던 약속의 신뢰성을 한국에 보장하기 위한 수단으로써 '확장억제'를 조정해서 강화하는 것입니다. 미국은 또한 한국이 독자적인 핵무장을 추구하면 그에 따른 비용과 대가가 엄청날 것이라는 점을 확실히 해 두고 싶어 합니다. 내 견해로는 핵확산금지조약NPT의 붕괴와 다름없는 이 문제에 대한 미국의 시각은 결국 한국의 독자적인 핵무기 개발을 지지하는 방향으로 바뀔 것입니다. 하지만 이 문제는 오랜 기간 논의의 대상이 될 것입니다."라고 답변했다.[133]

대략 1년 전만 해도 미국에서 한국의 독자적 핵무장 문제에 대해 논의하는 전문가는 극소수에 불과했고, 당연히 주요 싱크탱크들에서는 진지하게 논의조차 되지 않았다. 그러나 2022년 하반기부터 워싱턴 D. C.에서도 이 같은 논의에 대한 금기가 깨지기 시작했고,[134] 이제는 핵무장에 반대하는 전문가들조차 이 옵션을 한미 간에 비공개리에 논의할 필요가 있다는 변화된 입장을 보이기 시작했다. 물론 아직까지는 미국에서 한국의 독자적 핵무장을 반대하는 입장이 주류를 차지하고 있지만,[135] 한국에서 독자적 핵무장 담론이 '주류 담론'이 되어 가고 있다고 미국의 전문가들이 인식하고 있기 때문에 한국 정부와 여론을 어떻게 설득할 것인지, 한국이 독자적 핵무장을 결정할 경우 미국이 어떻게 반응해야 할지 그들의 고민이 시작되었다고 볼 수 있다.

1-2. 미 민주당 행정부와 공화당 행정부의 입장 차이 고려 및 대미 설득 방향

한국이 독자적 핵무장의 방향으로 나아가는 데 가장 중요한 것은 대미 설득이다. 한국이 독자적 핵무장을 결정하면 미 행정부는 반대할지 묵인할지 고민할 수밖에 없을 것이다. 현실적으로 바이든 행정부는 한국의 독자적 핵무장을 수용하기 어려울 것이다. 따라서 한국 정부가 바이든 행정부를 대상으로 한미원자력협정 개정 수용, 원자력추진잠수함 보유 동의까지만 이끌어낼 수 있어도 대성공을 거두는 것이 될 것이다.

앞에서 살펴본 바와 같이 미국에서는 주로 공화당 정치인들과 공화당에 가까운 싱크탱크들의 일부 전문가들이 한국과 일본의 핵무장에 대해 상대적으로 열린 태도를 보여 왔다. 그러므로 한국의 독자 핵무장에 대한 미국 민주당 행정부의 용인을 이끌어내기는 어렵겠지만, 공화당 행정부가 출범하면 상대적으로 수월해질 수 있을 것이다. 공화당 행정부는 과거에 대중 견제를 위해 인도의 핵무장을 묵인하고, 테러와의 전쟁을 위해 파키스탄의 핵무장을 용인한 것처럼 '우호적 핵확산'에 민주당 행정부보다 더 열린 태도를 보일 가능성이 크다.

만약 미국의 차기 대선에서 한일의 핵무장에 열린 입장을 가지고 있는 트럼프가 재선에 성공한다면, 한국은 미국의 강력한 반대나 제재에 대한 우려 없이 핵무장의 방향으로 비교적 순탄하게 나아갈 수 있을 것이다.[136] 그러나 한국의 정치지도자가 북한의 '완전한 비핵화'라는 실현 불가능한 목표에 계속 집착하거나 '일시적 제재'가 두려워 미국을 설득할 결기와 결단력을 갖지 못한다면, 한국이 독자적 핵무장을 통해 '남북 핵 균형'을 실현할 '기회의 창'이 열려도 그것을 잡지 못하고 계속 북한의 핵 위협 속에서 살아야 할 것이다.

미국의 민주당 행정부는 공화당 행정부보다 동맹의 입장을 더 중시하는 경향이 있다. 그러나 '핵무기 없는 세계'라는 이상적이고 비현실적인 목표를 추구했던 오바마 행정부를 계승한 바이든 행정부는 한국의 핵무장에 부정적인 입장을 취할 가능성이 크다. 만약 북한의 핵 위협이 더욱 심각한 수준으로 발전해서 한국 정부가 핵무장을 결정한다면, 바이든 행정부가 동맹 유지 차원에서 이를 강압적으로 저지하지는 않더라도 한미관계가 일정 기간 불편해지는 상황은 피하기 어려울 것이다. 그러므로 한국 정부가 한미관계가 단기간 불편해지는 것을 감수하더라도 신속하게 핵무장해야 한다고 판단하지 않는다면, 바이든 대통령 집권 시기에는 한미원자력협정 개정 및 한국의 원자력 추진잠수함 보유까지만 진행하고, 핵무기 개발은 미국에서 공화당 정부가 출범할 때까지 미루면서 대미 설득 작업을 지속하는 것이 바람직하다.

바이든 행정부는 '한반도 비핵화'라는 목표를 고수하고 있지만, 북한의 비핵화가 불가능하다는 데 대해서는 미국 전문가들도 대부분 동의한다.[137] 게다가 북한은 '비핵화'의 방향과는 정반대로 나아가면서 2023년부터는 핵탄두를 '기하급수적으로' 늘리겠다는 입장이다. 그러므로 한국 정부는 미국 정부의 대북정책이 한반도의 완전한 비핵화가 아니라 북한 핵에 대한 완벽한 억지 정책으로 전환되어야 한

다고 강조할 필요가 있다.[138]

한국 정부는 독자적 핵무장 옵션을 처음에는 북한과 중국을 압박해 북한이 다시 비핵화 회담에 나오게 하는 협상 카드로 활용하는 것이 바람직하다. 그리고 북한이 끝내 비핵화 협상에 나오지 않고 계속 핵과 미사일 능력을 고도화한다면, 그때는 한국의 독자적 핵무장이 한미동맹과 미국의 안보에 도움이 된다는 점을 설득하면서 긴 호흡을 가지고 단계적으로 독자적 핵무장의 방향으로 나아가야 할 것이다.

한국이 자체 핵무기를 보유하게 되면 설령 북한이 한국을 핵무기로 공격해도 미국이 북한과 핵전쟁을 벌일 이유가 사라지게 되어 미국 본토가 더욱 안전해진다. 그리고 북한은 멀리 있는 미국의 핵이 아니라 가까이 있는 한국의 핵을 더 의식하게 되어 북미 간의 대결 상태는 상대적으로 완화될 것이다. 또한 북한은 남한의 군사력이 북한의 상대가 되지 않는다며 한국군을 무시하지 못하게 되고, 한국 정부가 우발적 핵 사용을 막기 위해 남북 군비통제와 대화를 제안하면 그것을 수용할 수도 있다.

한국이 핵무기를 보유하지 않은 상태에서 북한이 전술핵무기로 한국을 공격할 경우 미국이 북한과의 핵전쟁에 대한 우려 때문에 대북 핵무기 사용을 꺼린다면, 한미동맹에 대한 우리 국민의 신뢰는 순식간에 무너질 것이다. 따라서 한국이 핵을 보유하게 되면 한미동맹이 시험대에 오르는 상황을 피할 수 있을 것이고, 미국은 한국을 지키기 위해 북한과 핵전쟁을 치르는 최악의 상황을 피할 수 있을 것이다. 그리고 한미동맹은 영구히 지속될 수 있을 것이다.

한국이 자체 핵무기를 보유하게 되면 한미동맹이 약화될 것이라는 미국 내 일부 우려를 해소할 필요가 있다. 서울대학교 통일평화연구원이 2022년 9월 22일 공개한 '2022 통일의식조사'에 따르면, '어느 나라를 가장 가깝게 느끼느냐?'라는 질문에 80.6%는 미국을 꼽았고, 이어 북한 9.7%, 일본 5.1%, 중국 3.9%, 러시아 0.5% 순이었다. 그러므로 한국이 핵무장을 하더라도 한국 국민은 한미동맹의 지속을 원할 것이며, 한국이 중국에 '경사傾斜'되는 일은 발생하지 않을 것이다.

한국이 자체적으로 핵무기를 개발하면 미국은 국방예산의 상당 부분을 줄일 수 있다. 미국의 2023 회계연도 국방예산은 7,730억 달러에 달하는데 핵무기 관련 예산까지 포함하면 1조 달러가 넘는 예산이 국방비로 지출되고 있다. 미국은 자국의 안보보다 동맹국의 안보를 위해 더 많은 비용을 부담하고 있어, 동맹국들이 스스로 안보 문제를 해결하면 미국은 국방예산의 4분의 1 정도를 절감할 수 있다. 그러면 누적되는 재정적자로 연방 행정부의 셧다운shutdown이 골칫거리인 미국의 예산 절감에 큰 도움이 될 것이며, 미군 병력도 감축할 수 있다.[139] 만약 차기 미국 대선에서 트럼프가 재선된다면 이 같은 논리는 대미 설득에 더욱 유용하게 작용할 수 있다.

미국이 한국의 핵무장을 허용하면 한국이 북한과 중국의 핵 위협에 맞서는 억지력을 미국과 공유할 수 있다는 점도 강조할 필요가 있다. 미국의 입장에서 볼 때 한국 같은 동맹국에 '우호적 핵확산'을

허용하는 것이 핵우산을 제공하는 것보다 훨씬 안전하고 경제적이며 또 효과적이다.[140]

한국 정부는 민주주의국가이므로 국민의 요구와 염원을 무시할 수 없다는 점도 강조할 필요가 있다. 앞에서 살펴본 바와 같이 많은 여론조사에서 국민의 60~70% 이상이 자체 핵 보유를 지지하고 있는 것으로 확인되고 있다. 따라서 한국 정부가 이런 국민 여론을 정책화하는 것은 지극히 당연하다고 하겠다.

앞에서도 언급한 바와 같이 〈동아일보〉와 국가보훈처가 한미동맹 70년을 맞아 한국갤럽에 의뢰해 2023년 3월 17~22일 한국인(1,037명)과 미국인(1,000명) 성인 남녀를 대상으로 한미 간 상호 인식 조사를 진행한 결과에 의하면, 한국의 자체 핵 보유에 대해 미국인 41.4%가 찬성하고, 31.5%가 반대하는 것으로 나타나 찬성 비율이 9.9%포인트나 높게 나왔다.[141] 미국인의 여론이 이처럼 한국의 자체 핵무장에 우호적이라면, 앞으로 이 문제와 관련한 미 행정부의 입장이나 정책 변화에 긍정적으로 작용할 수 있다.

2. 대對 중국 설득 방안

동북아에서 한·미·일 대 북·중·러의 대립구도가 형성되어 있기 때문에 한국이 독자적 핵 보유를 추진할 경우 중국은 당연히 반대할 것이다. 그러나 한국의 독자적 핵 보유가 중국의 국익에도 도움이 된다는 사실을 알게 되면 반대의 강도는 약해질 수 있다. 한국 정부는 대략 다음과 같은 논리로 중국을 설득해야 할 것이다.

첫째, 한국이 독자적 핵무기를 보유하게 되면 한반도에서 핵전쟁 가능성이 오히려 줄어들어 중국도 더욱 안전해진다. 북한이 남한에 핵무기를 사용할 경우 한국이 곧바로 핵 보복을 하게 될 것이므로 북한은 대남 핵 사용에 더욱 신중해지고, 그만큼 북한의 핵 사용 문턱은 올라갈 수밖에 없다. 반면, 한국에 핵무기가 없으면 남북한 간에 국지전이 발생할 경우 북한은 재래식 무기 분야에서의 대남 열세를 만회하기 위해 전술핵무기를 사용할 수 있다. 그래서 만약 미국이 북한에 핵무기로 보복하면 북한과 인접한 중국도 매우 심각한 피해를 입게 된다. 북미 핵전쟁으로 인해 중국 동북 지방의 상당 지역과 황해(서해)가 방사능으로 오염될 것이고, 북한 주민 수백만 명이 난민이 되어 중국으로 유입되면 중국 동북 3성도 큰 사회적 혼란에 빠지게 될 것이다. 그러나 한국이 독자적 핵무기를 보유하게 되면 북미가 핵전쟁을 벌일 이유도 사라지게 되어 중국은 더욱 안전해지게 될 것이다.

둘째, 한국이 독자적 핵무기를 보유하게 되면 한국의 외교적·안보적 자율성이 확대되어 한중협력에도 긍정적으로 작용할 것이다. 북한의 핵과 미사일 능력은 갈수록 고도화되는데 한국이 계속 비핵국가非核國家로 남아 있는다면 한국은 안보에 대한 불안감 때문에 미국의 확장억제에 더욱 의존할 수밖에 없다. 그러면 미중전략경쟁이 심화할수록 한중관계도 따라서 악화될 가능성이 크다. 그러나 한국이 핵무기를 보유하게 되어 대미 안보 의존도가 상대적으로 줄어들게 되면 한국의 외교적 자율성이 더욱 커지게 된다. 이와 관련해 드골 대통령이 프랑스의 자체 핵 보유를 추진하면서 소련과 동유럽 국가 블록 제국諸國과 긴장을 해소할 수 있는 관계를 수립하고 이해와 협조를 구할 수 있는 길을 트며, 중국과의 관계를 개선하는 방향으로 나간 사례를 참고할 필요가 있다.[142] 그러므로 만약 중국이 '안보상의 이유로 미국의 외교정책을 무조건 지지해야만 하는 한국'보다 '대미 안보 의존도가 줄어들어 국익에 따라 미국에 "No."라고 말할 수 있는 한국'을 더 선호한다면 한국의 독자적 핵무장에 무조건 반대할 것이 아니라 중립적 태도를 취하거나 간접적으로 지원해야 할 것이다.

셋째, 한국이 독자적 핵무장 후 북한과 핵 감축 협상을 추진해 단계적으로 북한의 핵무기가 감축되고 대북제재도 완화된다면, 북중 및 남북중 경제교류협력이 활성화되어 중국 동북 지방과 동북아시아의 발전에 기여하게 될 것이다.

한국이 북핵의 공포에서 벗어나기 위해 독자적 핵무장을 선택할 때 만약 중국이 이를 강력한 제재로 저지하려고 한다면 한중관계는 심각하게 악화되지 않을 수 없다. 2016년 7월 한국 정부의 미국 사드 배치 결정에 대한 중국의 보복 이후 중국에 대한 한국인들의 감정이 매우 나빠졌는데, 만약 한국의 독자적 핵무장에 대해 중국이 추가 제재를 가한다면 한중관계가 더 큰 타격을 입지 않을 수 없을 것이다. 그리고 한중관계의 악화는 중국의 안보와 경제 발전에도 도움이 되지 않을 것이다.

2015년 9월 시진핑 주석, 푸틴 러시아 대통령과 함께 베이징 천

안문 광장 성루에 올랐던 박근혜 대통령이 2016년 7월 사드 배치 결정을 내린 데는 같은 해 1월 북한의 제4차 핵실험 직후 박 대통령이 시 주석과의 통화 협의를 원했지만 한 달 후에야 통화가 성사된 것에 대한 좌절감이 크게 작용했다. 결국 박 대통령은 안보를 위해 의지할 곳은 미국밖에 없다고 판단해 사드 배치를 결정했는데, 이에 중국이 강력하게 반발하며 경제보복으로 대응함으로써 양국 관계는 심각하게 악화되었다. 이 같은 불행한 전철을 다시 밟지 않기 위해서도 한중 간의 긴밀한 소통이 매우 중요하고, 안보 문제에 대한 한국의 불안감에 중국도 공감하는 것이 필요하다. 그래야만 한국도 중국의 안보적 이익에 더욱 관심을 기울이고 이해하려 할 것이다.

제9장

담대하고 통찰력 있는 지도자와 초당적 협력의 필요성

지금 우리에게는 실패한 그리고 실패할 수밖에 없었던 기존의 길에서 과감하게 벗어나 한반도의 외교·안보·대북정책의 대전환을 가져올 '새로운 길'을 열어 갈 담대한 역사적 지도자가 반드시 필요하다. '비핵·평화'정책이나 압박 위주의 대북정책으로 북한의 핵과 미사일 능력의 고도화를 막지 못했으면, 이제는 국가 지도자가 정책의 대전환을 모색하는 것이 마땅하다. 그리고 대전환의 시기에 우리에게는 담대하고 통찰력 있는 지도자와 함께 여야의 초당적 협력이 반드시 필요하다. 우리 내부가 분열되어 있으면 북한도 주변국도 설득하기 어렵다. 여야가 국내정치에 대해서는 치열하게 논쟁하더라도 외교·안보·대북정책에 대해서만큼은 긴밀하게 협의하는 전통을 반드시 수립해야 한다. 그래야 대한민국이 주변국들과 북한으로부터 존중받을 수 있다.

우리는 현재 매우 중차대한 역사적 전환점에 서 있다. 북한이 핵과 미사일로 미 본토에 대한 타격 능력을 거의 확보한 상황에서 미국이 북한과의 핵전쟁까지 감수하며 우리를 지켜 줄 것이라고 기대하는 것은 현실적이지 않다. 우리의 운명을 지금처럼 계속 미국에 의탁할 것인지, 아니면 미국과 국제사회를 설득해 자신의 힘으로 스스로 지킬 것인지 결단을 내려야 할 시점에 와 있다. 지금 한국은 자신의 힘으로 자국의 운명을 스스로 지키는 길을 선택해 국제사회에서 프랑스의 위상을 높이고 영광을 되찾은 드골 같은 담대하고 통찰력 있으며 역사에 남을 지도자가 필요하다.

북한의 노골적인 핵 위협에 미국 대통령의 '선의'에만 의존하는 것은 매우 위험하다. 미국의 역사를 돌아보면, 그들의 방위 공약이 항상 지켜진 것은 아니었다. 미 육군에서 20년간 근무했던 군사전략 전문가 에이드리언 루이스 캔자스대학교·해군참모대학교 교수는 2023년 6월 한국의 한 언론매체와 인터뷰에서 한국 정부와 국민에게 다음과 같이 조언했다.

> 한국은 독자적인 핵 프로그램을 개발하는 것을 고려해야 한다. 핵 개발은 한국의 안보를 위해 중요하다고 생각한다. 물론 한반도에 대한 미국의 방위 공약은 견고하다. 그러나 미국의 역사를 보라. 그것(미국의 방어 공약)이 항상 지켜지지는 않았다. 미국은 10년 가까이 지속된 베트남전에서 5만 8,000여 명의 미군 희생자를 내고 2,000억 달러를 쓴 뒤 베트남을 포기했다. 또 최근에

는 아프가니스탄에 1조 달러를 투자하고도 (허무하게) 아프가니스탄을 버렸다는 것을 알고 있다. 미국은 자신들의 약속을 저버린 기록을 가지고 있다. 그런가 하면 도널드 트럼프는 한국에 방위를 대가로 수많은 '청구서'를 들이밀었고, 어떤 대가를 치르더라도 김정은과 평화협약을 맺으려고도 했다. 그렇기 때문에 미국이 방위 공약을 어떤 일이 있더라도 지킬 것이라고 전적으로 신뢰하기에는 한국의 안보 상황이 매우 심각하다.[143]

우리에게 한미동맹은 매우 소중한 자산이다. 그러나 4년마다 누가 미국의 대통령으로 당선될지 안절부절못하며 우리의 안보를 그들에게 계속 의탁하고 살 수만은 없다. 미국의 외교 원로 헨리 키신저 전 미 국무부 장관은 미·중 대립으로 5~10년 내에 제3차 세계대전이 일어날 가능성이 있다고 진단한 바 있다. 이 같은 불확실성의 시대에 북한의 오판 또는 강대국 간의 갈등에 의한 희생양이 되지 않으려면 우리 자신을 스스로 지킬 강력한 힘이 있어야 한다.

우리의 자체 핵무기 보유는 주변국들로부터 우리를 지킬 최후의 수단이고, 더 나아가 북한 및 주변국들과 대등한 호혜협력관계를 유지·발전시켜 나갈 외교적·안보적 자산이 되어 지속 가능한 평화의 시대를 열 것이다. 남북 핵 균형을 토대로 꿈쩍도 하지 않는 북한을 협상 테이블로 불러들여 상호 위협의 감축과 군비통제는 물론 교류협력의 확대도 모색할 수 있게 할 것이다.

지금 우리에게는 실패한 그리고 실패할 수밖에 없었던 기존의 길에서 과감하게 벗어나 한반도 외교·안보·대북정책의 대전환을 가져올 '새로운 길'을 열어 갈 담대한 역사적 지도자가 반드시 필요하다. '비핵·평화' 정책이나 압박 위주의 대북정책으로 북한의 핵과 미사일 능력의 고도화를 막지 못했으면, 이제는 국가지도자가 정책의 대전환을 모색하는 것이 당연하다. 협상을 통한 북한의 완전한 비핵화가 사실상 불가능하다는 데는 전문가들 대부분이 동의한다. 그럼에도 불구하고 여당과 야당의 지도부가 그 길을 기어이 가겠다고 한다면, 그것은 그들의 전략 부재와 무능을 여지없이 드러내는 것이다.

우리에게 통찰력과 강한 의지로 이 난국을 헤쳐 갈 역사적 지도자가 필요한 이유는 어떤 난관에도 굴하지 않고 국민을 통합하고 국제사회를 설득할 수 있어야 하기 때문이다. 한국 사회에서 보수와 진보는 외교·안보·대북정책에서 상당한 입장 차이를 보여 왔다. 그런데 흥미로운 현상 중 하나는 유독 핵 보유 문제에 반대하는 전문가들은 보수와 진보를 떠나 그 입장이 천편일률적으로 동일하다는 점이다. 이는 그들의 반대 논리가 국제상황의 변화를 전혀 반영하지 못하고 있고, 총론 수준에 머물러 있는 것과 밀접한 관련이 있다. 러시아의 우크라이나 침공을 계기로 북핵에 대한 기존 핵보유국들 간의 협조체계가 거의 붕괴되었음에도 불구하고 여전히 한국의 핵 보유에 대해서는 미·중·러 간에 공동 대응이 가능할 것처럼 주장하는 것은 그들의 현실감각 부재를 여실히 보여주는 것이다. 상황이 달라지면 인식도 대응도 함께 변해야 한다.

이 책 제10장의 Q&A를 읽어 보면, 한국의 핵자강에 반대하는 전문가들이 우리의 국익 차원이 아니라 기존 핵보유국들의 입장에서 '선악'의 이분법적 시각으로 접근하고 있음을 쉽게 이해할 수 있을 것이다. 만약 자체 핵 보유가 '악'이고 '범죄행위'라면, 기존 핵보유국들은 모두 '악'이나 '범죄국가'로 비난받아야 할 것이다. 그러나 한국의 핵자강에 반대하는 전문가들은 유독 한국의 핵 보유만을 죄악시하고 범죄시하는 매우 편향된 시각을 보이고 있다. 책임감 있는 전문가라면 대한민국의 관점에서 우리의 안보와 외교 문제를 바라보아야 할 것이다.

대전환의 시기에 우리에게는 담대하고 통찰력 있는 지도자와 함께 여야의 초당적 협력이 반드시 필요하다. 우리 내부가 분열되어 있으면 북한도 주변국들도 설득하기 어렵다. 5년마다 대통령 선거를 계기로 우리의 외교·안보·대북정책이 180도로 바뀐다면 주변국들도 북한도 한국 정부를 신뢰하기 어려울 것이다. 그러므로 여야가 국내정치에 대해서는 치열하게 논쟁하더라도 외교·안보·대북정책에 대해서만큼은 긴밀하게 협의하는 전통을 반드시 수립해야 한다. 그래야 대한민국이 주변국들과 북한으로부터 존중받을 수 있다.

한국의 독자적 핵무장이 '실현 불가능한 목표'라고 미리 단정하고 포기하면 우리는 계속 북한의 핵 위협 속에서 핵을 머리에 이고 살아야 한다. 그러므로 '기회의 창'이 열릴 때까지 결코 포기하지 말고 긴 호흡을 가지고 핵잠재력 확보부터 시작하는 정부와 정치권의 결단 및 학계의 지속적인 문제 제기가 필요하다. 국제정세가 악화되어 일본이 핵무장 결단을 내릴 때 우리가 따라가지 못해 결국 동북아에서 한국만 비핵국가로 남는 최악의 시나리오를 피하기 위해서라도 한국 정부가 지금이라도 적극적인 대미 설득을 통해 반드시 조기에 일본과 같은 수준의 핵잠재력부터 확보해야 한다.

3부

Q&A

제10장

한국의 핵자강에 대한 Q&A[144]

한국의 핵자강에 반대하는 전문가들은 '한국이 핵무장을 추진하면 국제사회의 제재로 한국경제가 파탄 나고 한미동맹이 해체될 것'이라며 과도한 공포심을 유발하고, 미국과 중국, 러시아, 영국, 프랑스 등과 같은 핵보유국의 입장에 기초해 한국의 핵무장을 죄악시하거나 범죄시하며, 현실의 변화를 반영하지 못한 극단적이고 이분법적인 논리들을 제시한다. 이 장에서는 이처럼 핵자강과 관련해 사실과 다른 주장들을 반박하고, 자주 제기되는 질문들에 답하고자 한다.

1. 국제사회의 제재와 반대, 비용과 편익 문제

1-1. 국제사회의 제재로 한국경제가 파탄 날 것인가?

2022년 러시아의 우크라이나 침공 이후 미러 관계가 극도로 악화되면서 북한이 ICBM을 시험발사해도 유엔안보리에서는 대북제재가 채택되지 않고 있다. 앞으로 북한이 제7차 및 제8차 핵실험을 강행한다 해도 대북제재가 채택될 가능성은 희박하다. 이처럼 우크라이나 전쟁 이후 핵보유국들의 비확산 공조체제에 심각한 균열이 발생했다. 러시아와 중국이 북한의 ICBM 시험발사에 대한 유엔안보리 차원의 대북 추가 제재 채택을 거부하고 있는 상황에서 한국이 북한의 핵 위협에 대한 불안감을 극복하기 위해 핵무장하는 것에 대해 미국이 유엔안보리에서 제재 채택을 추진한다는 것은 상상할 수 없는 일이다.

로버트 아인혼 전 미국 국무부 비확산·군축 담당 특별보좌관도 2022년 12월 17일 한미핵전략포럼 발표문에서 한국의 독자적 핵무장에 반대하는 전문가들의 입장을 소개하면서 한국이 핵무장할 경우, "미국이 원한다면 안전보장이사회의 제재를 막을 수 있겠지만, 중국과 러시아 등 한국의 핵무장에 반대하는 국가는 일방적으로 처벌조치를 채택할 것으로 예상할 수 있다If it so desired, the United States would be able to block Security Council sanctions, but countries opposed to South Korea's nuclearization, especially China but perhaps also Russia and others, could be expected to adopt their own unilateral punitive measures."라고 기술함으로써 유엔안보리에서 한국에 대한 제재가 채택되는 것을 미국이 막아줄 수 있음을 시사했다.[145] 한국의 독자적 핵무장에 반대하는 브루스 클링너 헤리티지재단 선임연구원도 2023년 2월 3일 방영된 VOA와의 인터뷰에서 한국이 핵무장할 경우, "중국이 유엔 안전보장이사회에서 한국에 대한 제재를 추진하면 미국은 거부권을 행사할 것이라고 본다."라고 전망했다.[146]

이처럼 현재와 같은 상황에서는 한국이 국가 생존을 위해 독자적 핵무장을 결정하더라도 한국경제가 파탄 날 정도로 국제사회의 초강력 제재에 직면할 가능성은 희박하다. 2016년 10월 12일 국회에서 개최된 핵포럼 세미나에서 아산정책연구원의 최강 박사가 주장한 것처럼 "과거 다른 국가의 핵무장 사례를 따져 보면 외교적으로 단기적 충격은 있었지만, 일정 시간이 경과하면 정상적인 궤도로 돌아가는 것이 관례"였고, 우리나라가 핵무장을 하더라도 이는 마찬가지일 것이다.

라몬 파체코 파르도Ramon Pacheco Pardo 영국 킹스칼리지런던 국제관계학과 교수는 2023년 5월 9일 방미해 〈조선일보〉와 가진 인터뷰에서 "전 세계는 북한이 결코 비핵화하지 않을 것임을 알고 있습니다. 북핵 위협이 절대 사라지지 않는다는 뜻입니다. 한국이 (북핵 위협에 대응하기 위해) 핵 개발의 길을 나서도 미국 등 다른 국가들이 (전면) 제재에 나서는 것은 어려울 겁니다."라고 평가했다. 그는 "미국은 한국이 핵 개발에 나설 경우 '우리는 특정 기술을 한국에 이전하지 않을 것'이라며 약간의 '외관상 제재cosmetic sanctions'를 가할 수도 있다."라며 "그러나 (한국이 실제 핵 개발에 나설 경우) 벌어질 일은 생각처럼 심각하지 않을 수 있다."라고 전망했다. 파르도 교수는 "미국을 필두로 한국가들(자유 진영)과 북·중·러와의 분열이 커지고 있다. 10~15년 전만 해도 한국이 핵 개발에 나설 경우 미국과 중국, 러시아 등이 유엔 안전보장이사회(안보리)에서 합의해 한국에 전면 제재를 가했을 것이다. 그러나 미국과 러시아가 서로 대화하지 않는 지금은 그런 일이 일어나지 않을 것 같다. 무엇보다 한국이 (세계무대에서의 비중이 더 커지면서) 한국과 미국과 호주, 캐나다 등의 국가들은 한국과 정치적으로 점점 가까워지고 있다. 이런 상황에서 미국이나 유럽 지도자가 '한국은 북한의 직접적인 핵 위협을 받고 있다. 그래도 우리는 한국에 제재를 가할 것이다.'라고 말하기가 어려울 것이다."라고 지적했다.[147]

그런데 한국의 독자적 핵무장으로 인해 핵비확산체제가 붕괴되고 동북아에서 핵 군비경쟁이 진행될 것이라는 국제사회 일각의 우려를 충분히 해소하지 못한다면 한국이 주변국들이나 유엔안보리 상임이사국들의 단독 제재 혹은 강력한 반대에 직면하게 될 수도 있다. 그러므로 한국의 독자 핵무장이 미국과 중국, 일본 등 주변국들의 국가이익을 훼손하지 않고, 오히려 이들 국가의 국익에 도움이 될 수 있다는 점을 정교한 논리로 설명할 수 있어야 하며, 독자 핵무장에 대한 국제적 용인을 이끌어내기 위한 치밀한 준비가 반드시 필요하다. 그렇지 않으면 한국의 독자적 핵무장으로 인해 한국과 국제사회 간에 불편한 상황과 혼란이 오래 지속될 수도 있다.

1-2. 미국이 한국에 단독 제재를 추진할 것인가?

한국이 핵무장할 경우 미국이 실행에 옮길 수 있는 단독 제재와 관련해서 로버트 아인혼은 "미국 행정부에서 한국의 행동으로 촉발될 미국의 여러 제재법을 면제해 줄 수 있지만, 일부 제재법은 자동으로 부과될 수 있으며, 이 경우 대통령이 아닌 의회의 투표에 의해서만 면제가 결정될 수 있다. 여기에는 핵실험으로 촉발되고 무기 판매 및 다양한 형태의 재정 지원이 포함되는 광범위한 양자 협력 중단을 명령하는 글렌 수정안이 포함될 수 있다The U.S. administration would be able to waive a number of U.S. sanctions laws that would be triggered by South Korea's actions, but under some laws, sanctions would be imposed automatically and could be waived only by a vote of Congress and not by the president. That would include the Glenn amendment, which would be triggered by a nuclear test and mandate a cutoff of a wide range of bilateral cooperation, including arms sales and various forms of financial assistance."라고 지적했다.[148] 여기서 주목할 점은 의회의 투표에 의해 글렌 수정안 적용을 면제받을 수 있다는 점이다. 그러므로 한국이 미국의 강력한 단독 제재를 피하려면 미국 의회를 대상으로 하는 의원외교가 매우 중요하다.

글렌 수정안(또는 개정안)은 미국 민주당 글렌John Glenn 상원의원이 발의한 법으로 재처리 기술을 획득·이전하거나 핵장치를 폭발 또는 이전하는 국가에 제재를 부과하도록 되어 있다.[149] 따라서 한국이 핵실험을 할 경우에는 이 법이 적용될 수 있지만, NPT만 탈퇴할 경우에는 이 법의 적용을 받지 않는다.

과거 미국은 인도가 1998년 5회에 걸쳐 지하 핵실험을 했다고 발표한 후 인도에 경제제재를 가했으나, 이는 오래 지속되지 않았다.[150] 인도와 파키스탄에 대한 광범위한 글렌 수정안 제재는 1998년

5월에 부과되었으며, 점진적으로 완화되다가 2001년 9월에 이르러서는 완전히 폐지되었다.[151] 더 나아가 2005년 3월에는 부시 대통령이 인도를 방문해 핵협력에 관한 협정을 체결했다. 미국은 당시 중국을 견제하는 차원에서 인도의 핵 개발을 용인했다.

비핵확산 원칙에 예외를 인정하고 NPT 체제를 무력화시키는 이 같은 조치에 대해 니컬러스 번스Nicholas Burns 당시 미 국무차관은 "인도는 북한이나 이란과는 달리 민주주의 신념이 있고 국제사찰을 확실히 다짐한 나라여서 미국의 특별대접을 받았다."라고 정당화했다.[152] 이 같은 논리를 한국에 적용하면 한국은 민주주의국가이기 때문에 핵 개발을 하더라도 사찰을 수용하면 미국의 특별대접을 받을 수 있을 것이다. 이와 관련해서는 2015년 4월 찰스 퍼거슨 미국과학자협회 회장이 비확산 전문가 그룹에 비공개로 회람한 보고서의 다음과 같은 분석을 참고할 필요가 있다.

> 먼저 한국은 가장 세계화된 경제대국 중 하나로 삼성이나 LG의 전자제품과 같이 매력적인 상품들을 전 세계 시장, 특히 미국 시장에 공급하고 있다. 이 같은 현실은 한국의 핵무기 보유 반대의 근거가 되어 준다. 핵무기 보유 시 발생하게 될 국제제재가 한국경제를 위험에 빠뜨릴 수 있기 때문이다. 하지만 인도의 선례를 생각해 보면 한국이 별다른 어려움 없이 제재의 어려움을 극복해 나갈 가능성도 높아 보인다. 1998년 5월 인도는 핵폭발 실험을 진행했고, 이로 인한 경제제재를 겪었다. 하지만 제재는 1년

남짓 밖에 지속되지 않았다. 당시 인도는 한국처럼 매력적인 상품을 생산하는 국가는 아니었지만, 엄청난 인구 덕분에 매력적인 시장이었을 뿐만 아니라, 민주국가로서 미국이 공산주의 중국의 성장하는 군사력을 견제하는 데 있어 중요한 협력 대상으로 간주되었다. 한국은 인도에 비해 인구 규모는 작지만, 대부분의 사람들이 비교적 풍요로운 생활을 누리고 있으며 역동성 있는 민주주의에 참여하고 있다. 게다가 전술했듯, 한국 기업들은 미국인들의 소비 욕구가 높은 상품을 생산하고 있기 때문에 한국에 대한 제재는 형식적일 가능성이 크며 수개월 내에 해제될 가능성이 크다.[153]

미국은 반도체 분야에서 한국, 대만, 일본과의 협력을 매우 중시하고 있다. 그러므로 한국이 핵무장을 추진하면 미국이 제재로 한국경제를 파탄 낼 것이라는 일부 전문가들의 주장은 현실성이 없다. 북핵에 대한 두려움 때문에 한국이 핵무장을 추진하는 것을 미국이 반대해서 한국경제를 파탄 낸다면 그렇지 않아도 러시아의 우크라이나 침공 이후 침체된 세계경제에 더욱 큰 타격을 줄 것이며, 이를 가장 환영할 국가는 다름 아닌 북한일 것이다. 따라서 미국이 자국과 서방세계의 국익에 반하는 강력한 단독 제재를 추진할 가능성은 매우 적다고 본다.

1-3. 국제사회의 제재로 한국의 원전 가동이 중단될 것인가?

로버트 아인혼은 한국이 핵무장할 경우 "한국의 민간용 핵에너지 프로그램이 특히 크게 타격을 받을 것이다. 한·미 민간용 원자력협정에 따라 양국의 핵협력이 중단되며, 한국은 핵무기 프로그램에 미국이 이전에 공급한 핵원자로, 장비 또는 재료를 사용할 수 없게 되며, 시행하기 어렵다고 하더라도 미국은 해당 원자로, 장비 및 재료의 미국 반환을 요구할 권리를 갖게 된다."라고 지적했다.[154]

한국이 핵무장을 하더라도 미국이 아무런 조치를 취하지 않으면 이란과 같은 국가들이 핵무장하겠다고 할 때 미국이 저지할 명분이 약해지므로 미국이 초기에는 한국의 원자력 산업 분야에 제재를 가할 가능성이 충분히 있다. 그러나 한국의 결정이 국가 생존을 위한 불가피한 조치였다고 미국 정부와 전문가들을 꾸준하게 설득한다면 대략 6개월~1년 정도 후에 대부분의 제재에 대한 면제를 받을 수 있을 것으로 예상된다. 그러므로 한국의 원자력 산업계가 미국의 단독 제재로 인해 일시적인 고통을 겪을 수는 있지만, 의연하게 대응하는 것이 필요하다.

한국의 독자적 핵무장에 반대하는 브루스 클링너 선임연구원도 "한국이 핵확산금지조약NPT을 위반하고 탈퇴하겠다고 하면 원자력 공급국 그룹은 자동적으로 한국에 대한 핵분열 물질 공급을 중단할 것이다. … 한국의 민간 원자력 프로그램이 중단되고 한국 전력의 30%가 끊길 것이다."라고 주장한다.[155] 이처럼 핵자강 반대론자들은 만약 한국이 핵무장하면 곧 원전 가동이 중단되고 대량 정전 사태가 발생할 것이라고 주장하지만, 실제로 그런 일이 발생할 가능성은 희박하다. 현재 가동 중인 원자로들에 핵연료를 한 번 장전하면 기본적으로 1년 6개월은 가동 가능하다. 그리고 한국은 18~24개월 분량의 농축연료를 비축해 놓고 있기 때문에 당장 국제시장에서 농축우라늄을 사 오지 못한다고 해도 3년 정도는 원자로 가동에 문제가 없는 것으로 알려지고 있다.

한국수력원자력에 따르면 우라늄은 원석을 가공한 정광과 농축 등 두 형태로 수입해 오는데, 평균 10년 단위로 계약이 이루어지며 수급 다변화도 이루어져 있다. 현재 한수원은 러시아와 영국, 프랑스 3곳에서 3분의 1씩 우라늄을 공급받고 있는데, 각국의 수입량을 늘리거나 줄이는 것도 가능하다.[156] 현재 한수원의 재고량이 충분한 데다 러시아 물량 공급에 차질이 생기면 영국과 프랑스 물량을 늘릴 수 있고, 만약 영국과 프랑스가 판매하지 않는다면 러시아에서 전량 수입도 가능한 상황이다.

서방의 경제제재로 러시아는 에너지 수출에서 크게 타격을 받고 있으나 원자력 부문만은 예외다. 우라늄을 수출하고 농축하며 핵발전소를 건설하는 러시아의 독점 국영기업 로사톰은 전 세계 원자력 발전 산업에서 차지하는 비중이 너무 크고 대신할 수 있는 주체가 따로 없기 때문에 제재를 받지 않고 있다.[157] 미국의 원자력 산업은 1979년 쓰리 마일 섬Three Mile Island 시설 사고 이후 줄곧 쇠퇴했으며, 농축 과정은 외국 사업자에 의존하게 되었다. 미국은 천연 우라늄이 풍부하지만, 구 소련 국가에서 농축우라늄을 수입하는 것이 더 저렴

하다. 그 결과 미국과 유럽은 농축우라늄의 20%를 러시아에서 조달하고 있는 실정이다.[158]

찰스 퍼거슨 미국과학자협회 회장도 2015년 4월 비확산 전문가 그룹에 비공개로 회람한 보고서에서 한국의 NPT 탈퇴가 국제제재로 이어질 수는 있지만, 원자력 산업 분야에서 한국과 합작 중인 미국, 프랑스, 일본 등의 국가들이 손해를 감수하면서까지 심각한 수준의 제재를 가하지는 않을 것으로 전망했다. 관련 내용을 소개하면 다음과 같다.

> 한국은 지금까지 핵비확산체제 수호국으로서의 위치를 공고히 지켜 왔다. 일례로 한국은 포괄적안전조치협정Comprehensive Safeguards Agreement의 추가의정서Additional Protocol까지 적용하고 있으며, 이에 따라 한국 내 민간 원자력 프로그램은 국제원자력기구IAEA의 강도 높은 사찰을 받고 있다. 한국은 2012년 핵안보정상회의Nuclear Security Summit를 개최하기도 했으며, 핵물질 및 여타 방사능 물질을 안전하게 관리하는 데 리더십을 발휘해 왔다. 더욱이 한국은 수십 년 이내에 향후 원자력 기술 수출 시장 점유율을 20% 이상으로 늘리겠다고 선언한 바 있으며, 원자력 기술 수출을 위해서라도 경제제재 리스크를 떠안으려 하지 않을 것이다. 하지만 다르게 말하면, 이는 어디까지나 비확산체제가 한국의 국익에 부합한다는 가정하에서만 유효한 현실일 뿐이다. 만일 한국 정부가 국익을 위해 핵무기 개발이 필요하다고 결정할 경우, 북한이

> 2003년에 그러했듯 핵확산방지조약NPT의 10항을 근거로 90일의 통지 기간을 거쳐 NPT 탈퇴를 선언할 수 있는 권리가 있다. 한국에 대한 원자력 기술 수출 제재 역시 높지 않은 강도에서 그칠 가능성이 크다. 한국은 영리하게도 원자력 산업에서 미국과 프랑스, 일본 등 유력한 국가들과 협력 관계를 맺고 있으므로 이 협력국들이 아랍에미리트UAE 및 여타 국가 내에서 한국과 함께 진행하고 있는 파트너십을 통해 지속적으로 이득을 누리기 원한다면 자국에까지 해를 끼치게 될 정도로 한국에 강력하게 제재를 밀어붙일 가능성은 높지 않기 때문이다.[159]

더그 밴도우 케이토연구소 선임연구원도 "인도의 경우 미국은 지정학적 이유 때문에 원자력 공급국 그룹에 인도 수용을 밀어붙였다."라고 지적했다.[160] 한미관계 악화는 미국의 국익에 부합하지 않기 때문에 미국이 원자력 공급국 그룹에 한국 수용을 밀어붙일 가능성이 크다.

1-4. 중국이 '사드 보복'보다 더 강력한 제재에 나설 것인가?

일부 전문가들은 한국이 독자적 핵무장을 추진하면 중국이 이에 강력하게 반발해 과거 사드 배치 때보다 더욱 강력하게 제재할 것이라고 주장한다. 그런데 중국의 주요 한반도 전문가 10여 명의 의견을 개인적으로 들어본 바에 의하면, 이들이 모두 한국의 핵자강에 강력하게 반대하는 것은 아니었다. 한국의 핵자강이 중국의 국익에 오히려 부합할 수 있다는 점을 이해하는 전문가들과 지지하는 전문가들도 있었다. 한국의 독자 핵무장에 반대하는 중국 전문가들도 한국의 핵무장에 대해서는 단순히 '반대한다' 정도의 수준이었다면, 일본의 핵무장에 대해서는 '절대 반대한다'는 입장이었고, 대만의 핵무장에 대해서는 '결코 용납할 수 없다'는 입장을 보여 한국과 일본, 대만에 대한 반대 수위에서 매우 큰 차이를 보였다. 그리고 이들 전문가들에게 '미국 전술핵무기 재배치'와 '나토식 핵 공유' 그리고 '한국의 독자적 핵무장' 가운데 중국에게 가장 덜 나쁜 옵션이 무엇인지에 대해 물었을 때는 절반 이상이 '한국의 독자적 핵무장'을 꼽았다. 그러므로 중국 전문가들이나 정부가 한국의 독자적 핵무장에 대해 무조건 반대할 것이라는 주장은 실제와 괴리가 있고, 한국의 핵자강이 중국의 국익에도 도움이 된다는 것을 잘 설명하면 이들의 반대를 상당한 정도로 누그러뜨릴 수 있을 것이다.

과거 중국이 사드의 한국 배치에 강력하게 반발했던 이유는 그것이 '미국의 사드'였기 때문이다. 그래서 중국 전문가들에게 "한국이 자체 핵무기를 보유해서 남북 핵 균형이 이루어지면 미국의 사드를 추가 배치할 필요가 없다."라고 설득하면, 한국의 독자적 핵무장에 대한 태도가 상대적으로 긍정적으로 바뀌는 경우가 많다.

1-5. 자체 핵 보유의 편익은 무엇이며 어떻게 비용을 최소화할 수 있는가?

오랫동안 한국과 미국의 외교안보 전문가들은 국제사회의 제재와 그로 인한 경제 상황 악화 등 한국의 핵무장이 초래할 수 있는 부정적 측면만을 강조하고 핵무장이 가져올 긍정적 측면은 도외시해 왔다. 그런데 한국의 핵무장은 다음과 같이 우리에게 실失보다는 득得이 더 많다.

1) 한국이 자체 핵억지력을 가지게 되면 북한의 오판에 의한 핵 사용 가능성을 막을 수 있어 한반도에서 군사적 긴장이 완화되고, 평화와 안정의 새 시대가 열리게 될 것이다.
2) 북한의 대남 핵공격으로 한미동맹이 시험대에 오를 가능성이 사라지게 될 것이다.
3) 북한이 남한과의 군사대화를 거부할 명분이 사라지게 되어 한반도 군비통제 및 평화체제 구축 협상을 한국 또는 남북이 주도할 수 있게 될 것이다.
4) 남북 핵 감축 협상을 통해 북한의 핵 감축이 이루어지면 그에 따라 대북제재도 단계적으로 해제함으로써 금강산 관광과 개성공단 재가동 등 남북교류협력의 재개가 가능해질 것이다.
5) 남북 핵 감축 협상을 통해 북한의 핵 감축이 이루어지면 그에 따라 북미 및 북일관계 정상화를 진전시킴으로써 동북아 평화, 세계평화에 기여할 수 있을 것이다.
6) 남북 핵 감축 협상을 통해 북한의 핵 감축이 이루어지면 그에 따라 대북제재도 단계적으로 해제함으로써 남북일, 남북중, 남북러 경제 협력도 가능해지므로 동북아의 경제 발전과 협력

에 기여하게 될 것이다.

7) 미중전략경쟁 구도에서 한국의 외교적 공간이 상대적으로 확대됨으로써 한국은 보다 국익과 실리에 기초한 외교를 추진할 수 있게 될 것이다.
8) 재래식 무기 구입과 개발에 들어가는 막대한 국방예산을 줄일 수 있고, 그 대신 장병과 직업군인의 처우 개선 및 청년과 노년층의 복지에 더 많은 국가예산을 투입할 수 있을 것이다.
9) 남북한 전쟁 가능성이 줄어들어 군 복무기간의 감축이 가능해지거나, 최소한 인구절벽으로 인한 군 복무기간의 연장을 피할 수 있을 것이다. 그래서 한국의 독자적 핵 보유에 대해서는 특히 청년층이 매우 적극적으로 지지할 것이다.
10) 한국이 핵보유국이 되면 국가에 대한 국민의 자긍심이 더욱 높아지게 될 것이다. 이는 국민에게 더 큰 에너지를 주어 경제와 문화 발전에도 기여하게 될 것이다.

물론 한국의 자체 핵 보유를 위해서는 일정한 '비용' 또는 '대가'를 지불하는 것이 불가피하다. 그 비용은 고정적이지 않고, ① 한국이 핵무장을 추진할 시점의 북한 핵 위협 수준, ② 한국이 핵무장을 추진할 시점의 미국 대통령이 한국의 핵자강에 부정적인가 또는 열린 태도를 가지고 있는가, ③ 미중 또는 미러 갈등 수준, ④ 한국의 일본, 중국, 러시아와의 관계 상태, ⑤ 우리가 미국을 비롯한 국제사회와 국내의 반대 여론을 효과적으로 설득하기 위한 정교한 논리와 네트워크 등을 얼마나 효과적으로 갖추고 있는가, ⑥ 정부와 야당 간의 관계 상태 등에 따라 비용이 현저하게 늘어날 수도 있고 줄어들 수도 있다. 한국이 자체 핵 보유를 추진하면 무조건 국제사회의 제재 때문에 경제가 파탄 나거나 한미동맹이 깨진다는 주장은 비확산론자들의 상투적인 반대 논리일 뿐 실제와는 큰 거리가 있다.

2. 핵도미노, NPT 체제 붕괴, 국가 위신 문제

2-1. 핵도미노 현상이 발생하고 NPT 체제가 붕괴할 것인가?

핵자강 반대론자들은 한국이 핵무장하면 일본과 대만도 핵무장을 하게 되고 결국 핵비확산체제가 붕괴될 것이라고 주장한다. 그런데 일본의 우익 정치인들은 핵무장을 하고 싶어 하지만 국민의 반핵 정서가 워낙 커서 핵무장 결단을 내리기 어렵다.

동아시아연구원[EAI]과 일본의 비영리기구 겐론[言論] NPO가 2022년 9월 1일 발표한 〈한일 국민 상호 인식 조사〉 보고서에 의하면, 북한의 핵 위협이 지속될 때 일본이 핵무기를 보유하는 것에 대해 2022년 조사에서는 일본 국민의 14.6%가 찬성하고 61.6%가 반대하는 것으로 나타났다. 2021년 조사에서는 일본 국민의 9.8%가 찬성하고, 69.9%가 반대했으므로 2021년보다 2022년 조사에서 핵 보유 찬성 여론이 4.8% 증가했고, 반대 여론이 8.3% 감소하기는 했지만, 여전히 핵 보유 찬성보다는 반대 의견이 훨씬 높다. 그리고 대만이 핵무장할 경우 중국이 곧바로 대만을 공격하겠다는 입장이기 때문에 대만의 핵무장 가능성도 희박하다. 그러므로 이스라엘, 인도, 파키스탄, 북한까지 이미 핵무장한 상황에서 한국이 핵을 보유한다고 해서 비확산 체제가 갑자기 붕괴하지는 않을 것이다.

일부 전문가들은 한국이 핵무장하면 일본도 핵무장할 가능성을 걱정하지만, 한국에 이어 일본도 동시에 핵무장하게 되면 한국은 오히려 국제사회의 제재를 걱정하지 않아도 된다. 미국이나 국제사회가 한국과 일본을 대상으로 동시에 제재할 경우 세계경제가 심각한 타격을 입을 수밖에 없기 때문에 오히려 한국은 혼자서 핵무장할 때보다 더욱 안전하게 핵무장이 가능해지는 것이다. 그래서 한국의 국익을 위해서는 독자 핵무장보다는 일본과의 동시 핵무장이 더 바람직할 수 있다.

핵자강 반대론자들은 한국이 핵무장하면 일본도 핵무장할 가능성을 우려하지만, 최악의 시나리오는 일본이 핵무장할 때 한국이 그것을 따라가지 못해 혼자 동북아에서 비핵국가로 남게 되는 것이다. 일본은 현재 핵탄두 6,000기를 만들 수 있는 플루토늄 50t을 이미 추출해 놓고 있다. 비핵국가 중 보유량이 최대 규모고 기술력도 최고 수준이다. 동북아에서 핵무장 경쟁이 벌어질 경우, 우리는 플루토늄도 추출하고 우라늄도 농축해야 하지만, 일본은 그 단계를 건너뛸 수 있다. 따라서 1994년 영변 핵위기 당시 일본 구마가이 히로시 관방장관이 "기술적으로 3개월이면 핵무기 개발이 가능하다."라고 말했던 것을 상기할 필요가 있다.[161] 남북한·미·중·일·러 중에서 우리만 비핵

〈그림 10-1〉 세계 핵보유국 핵탄두 수
자료: 〈연합뉴스〉, 2021.11.4.
출처: https://www.yna.co.kr/view/GYH20211104000900044?section=search

국가로 남는 최악의 시나리오를 피하기 위해서는 일단 우리도 일본과 같은 수준의 핵잠재력부터 시급히 확보하고, 핵무장 여부는 그 다음에 고민하는 것이 현실적인 태도일 것이다.

한국이 핵무기를 보유하지 않으면 동북아에서 핵 군비경쟁이 발생하지 않을 것처럼 주장하는 것은 현실과 완전히 괴리된 주장이다. 미 국방부는 2021년 11월 의회에 제출한 〈중국을 포함한 군사안보 전개 상황〉이라는 제목의 보고서에서 중국의 핵탄두 보유 규모가 2027년까지 700개로 늘어나고, 2030년에는 1천 개를 넘어설 수 있으며, 2035년까지 1,500개로 늘어날 것으로 전망했다.[162] 한국의 자체 핵보유와 무관하게 중국의 핵무기 수는 기하급수적으로 증가하게 되어 있어, 한국과 일본의 핵 보유를 반대하는 주장은 결국 중국과 북한에 유리한 논리다. 이와 관련해서는 2015년 4월 찰스 퍼거슨 미국과학자협회 회장의 다음과 같은 분석을 참고할 필요가 있다.

> 한국의 핵무장을 반대하는 또 다른 논거는 한국의 핵무장이 미국과의 방위 조약을 깨트리는 행위며, 일본 및 중국과의 핵 군비경쟁을 초래하게 될 것이라는 주장이다. 이는 한국의 핵무장을 반대하는 가장 강력한 논거가 될 수 있을지도 모르지만, 앞서 언급한 상황은 한국의 핵무장 없이도 언제나 일어날 가능성이 존재한다. 미국은 아시아-태평양 지역으로의 회귀 전략Pivot to the Asia-Pacific region을 선언했음에도 불구하고, 한국과 일본의 안보를 지댕할 수 있는 수준을 충족하는 방위 지출에 대해 점점 더 큰 압박에 시달리고 있는 상황이다. 또한 한국과 일본의 전현직 지도자들은 오바마 행정부가 핵무기의 효용성을 과소평가했다고 느끼고 있으며, 오바마의 핵 없는 세상a world free of nuclear weapons 구호는 일부 한일 군사안보 전문가들에게 불안감을 조장했다. 만일 미국이 북한과 중국에서 비롯되는 안보 위협을 안정적으로 막아줄 수 있는 신뢰할 만한 주체가 되지 못한다고 판단될 경우, 한국 및 일본 내 신중한 군사전문가들은 자국의 핵무장을 적극적으로 고려하게 될 것이다. 심지어 한국의 몇몇 관료들은 한국의 핵무장이야말로 북한의 비핵화를 비롯한 한국의 안보 사안에 대해 미국이 더 진지하게 임할 수 있도록 각성시킬 수단이라며

합리화할 수도 있다.[163]

이 책의 앞부분에서도 언급한 바와 같이 중국의 대만 침공을 막지 못한다면, 미국의 세계적 지도력이 약화되고 한국, 일본, 호주가 모두 핵무기를 가지려 할 것이라는 분석도 미국에서 나오고 있다. 그러므로 다른 모든 가능성을 배제하고 한국이 핵을 보유하지 않으면 핵도미노 현상이 발생하지 않을 것처럼 주장하는 것은 국제정세의 급변 가능성을 전혀 고려하지 않은 비현실적인 태도다.

핵자강 반대론자들은 한국이 핵무장하면 핵도미노 현상이 발생해 전 세계가 더 불안정해질 것이라고 주장하지만, 방어적 현실주의를 대표하는 스티븐 월트Stephen M. Walt 미국 하버드대학교 교수는 오히려 "핵무기 보유국이 급격히 늘어나기를 바라지 않지만, (한국 같은) 일부 국가들로 서서히 확산되는 것은 (국제정세에) 안정적stable일 수도 있다."라고 주장한다. 월트 교수는 2022년 1월 〈동아일보〉와 인터뷰에서 "한국을 비롯한 일부 아시아 국가들은 (북핵 위협이 커지면) 핵무장을 심각하게 고려할 것이라고 본다. 핵무기는 훨씬 더 강력한 적을 마주하더라도 궁극적인 독립을 보장할 수 있기 때문이다."라고 그 이유를 구체적으로 설명했다.[164]

2-2. 한국이 북한과 같은 '불량국가'로 전락할 것인가?

핵자강 반대론자들은 한국이 핵무장하면 북한과 같은 '불량국가'로 전락해 국제사회에서 외교적으로 고립될 것이라고 주장한다. 그러나 북한이 국제사회의 강력한 제재를 받고 있는 이유는 독재국가이고 반미 국가이기 때문이다. 한국은 미국과 가치를 같이 하는 민주주의 국가이고 친미국가이기 때문에 한국을 북한과 같은 '불량국가'로 간주하는 것은 부적절하다.

미국은 이스라엘의 핵무장을 전혀 문제시하지 않고 오히려 침묵하고 있으며, 인도와 파키스탄의 핵실험 후 이들 국가들을 제재했다가 중국 견제 및 테러와의 전쟁 수행을 위해 제재를 풀어 주고 오히려 파키스탄에는 경제적 지원까지 해 주었다. 대외관계에서 보편적 가치와 국익이 충돌될 때 미국은 거의 항상 국익을 선택해 왔다. 그리고 중국이 핵탄두를 기하급수적으로 늘리고 있고, 러시아가 벨라루스에 전술핵무기를 배치한 데서 확인되고 있는 것처럼, 강대국들도 NPT 체제를 잘 준수하지 않고 있다.[165] 이 같은 상황에서 한국이 인접한 국가로부터의 노골적인 핵 위협에도 불구하고 국가 생존을 위한 선택을 포기하고 NPT 체제의 모범국가로 남겠다고 하면, 강대국들은 겉으로는 박수를 치고 환영하겠지만 속으로는 비웃을 것이다.

앞에서 소개한 것처럼 〈동아일보〉와 국가보훈처가 한미동맹 70년을 맞아 한국갤럽에 의뢰해 2023년 3월 17~22일 사이에 한국인 성인 남녀 1,037명과 미국인 성인 남녀 1,000명을 대상으로 한미 간 상호 인식 조사를 진행한 결과에 의하면, 한국의 자체 핵 보유에 대해 미국인 41.4%가 찬성하고, 31.5%가 반대하는 것으로 나타나 찬성 비율이 9.9%포인트나 높게 나왔다.[166] 한국의 핵무장이 곧 불량국가로의 전락으로 연결된다면 미국 국민 다수가 이렇게 한국의 자체 핵 보유에 대해 찬성 입장을 보이지는 않았을 것이다. 한국이 과도한 '모범생 콤플렉스'에서 벗어나지 못하고 북한의 노골적인 핵 위협을 계속 운명으로 받아들이며 살아갈 것인지, 아니면 한국의 핵 보유로 한반도 정세가 안정되는 것이 동북아와 세계평화에도 도움이 될 것이라는 것을 주변국들과 핵보유국들에게 적극적으로 설득해 새로운 한반도 평화의 시대를 열어갈 것인지 국민들의 현명한 판단이 필요하다.

3. 한미동맹과 전작권 전환 문제

3-1. 한국이 핵무장하면 한미동맹이 해체될 것인가?

로버트 아인혼은 한국의 독자적 핵무장 이후 한미동맹이 다음과 같이 약화될 수 있다고 지적한다.

> 한국의 핵무기 보유로 인해 한미동맹을 구하기는커녕 심각하게 약화시킬 수 있다. 그것이 반드시 상호방위조약의 종식을 의미하지는 않는다. (미국이 드골de Gaulle의 핵억지력을 반기지는 않았지만, 미국과 프랑스는 여전히 나토 동맹국이다.) 그러나 두 개의 분리된 핵 의사결정 센터가 존재함으로써, 동맹의 성격이 근본적으로 바뀔 수 있다. 필요한 경우, 핵무기로 한국을 방어하겠다는 미국의 공약(즉, 핵우산)은 사라지거나 조건부로 변할 수 있다. 미국은 여전히 한국에 군대를 주둔할 수 있지만, 주한미군 배치를 찬성하던 미

국의 입장이 변할 수 있다. 한국이 스스로 방어할 수 있고 미국의 공약을 더 이상 신뢰하지 않는다고 주장하게 되면, 미국 정치인과 대중은 왜 미국이 한국에 군대를 주둔시키는 비용과 위험을 감당해야 하는지 질문을 할 수도 있다. 한국 입장에서 보면, 독자적인 핵 역량을 기대하는 전략적 자치권 지지자는 미군의 부분 또는 전면 철수를 환영하면서도, 자체 핵무기 역량으로 인해 한국이 재래식 억지 역량에 대한 투자를 줄일 수 있다고 생각하고 있다. 동맹국의 고유한 연합지휘체계가 한국의 핵무장화에서 살아남을 수 있을지와 그 형태는 짐작만 할 뿐이다.[167]

미국의 전문가들이 한국의 핵무장 이후 한미동맹이 어떻게 바뀔지, 약화되지 않을지에 대해 우려하는 것은 당연하다. 한국이 핵을 보유하게 되면 한미군사협력의 형태가 바뀌는 것은 불가피하다. 그런데 이것을 한미동맹의 약화가 아니라 한미동맹에서 한국이 더욱 큰 역할을 맡는 형태로의 진화로 해석하는 것이 바람직하다.

한국이 독자적 핵무기를 보유하게 되면 한미동맹이 필요 없게 되어 해체될 것이라는 일부 전문가들의 주장은 명백히 사실과 다르다. 미국은 중국과 매우 가까운 거리에 있는 평택에 세계 최대 규모의 해외 미군기지를 두고 있다. 미중전략경쟁이 첨예해질수록 한국의 전략적 가치는 더욱 커진다. 북한의 핵 위협에 맞서기 위해 한미일 간의 안보협력 강화를 강조하고 있는 미국이 북한과 중국에 유리하게 한미동맹을 깰 가능성은 희박하다. 게다가 미국에게는 핵을 보유한 한국이 그렇지 못한 한국보다 동북아에서 더욱 믿음직하고 강력한 동맹이 될 수 있다.

한국은 중국과 러시아, 일본과 같은 초강대국들에 둘러싸여 있기 때문에 만약 한미동맹이 해체된다면 북한뿐만 아니라 이들 초강대국들을 대상으로 안보전략을 새로 수립해야 하는 매우 어려운 상황에 놓이게 될 것이다. 그러므로 동북아에서 지구의 다른 지역으로 옮겨갈 수 없는 지리적 조건에 놓여 있는 한국 정부는 한미동맹의 유지에 사활적 이해관계를 가지고 있다.

한국의 일부 전문가는 자체 핵 보유가 어떤 논리를 동원하더라도 미국의 대對 한국 안보공약에 대한 불신을 바탕으로 깔고 있다며 "동맹국에 대한 신뢰 약화는 결국 동맹 와해로 이어질 수 있다."라는 극단적인 주장을 한다.[168] 그러나 미국은 4년마다 대통령 선거를 치르고, 대선에서 고립주의를 표방하는 후보가 당선되면 한미동맹은 약화될 수 있다. 그러므로 미국의 안보공약을 무조건 신뢰해야 한다고 주장하는 것은 미국의 정권 교체에 따른 안보정책 변경 가능성을 전혀 고려하지 않고 우리의 운명을 미국에게 전적으로 의탁하자는 것이다.

3-2. 미국의 확장억제에의 의존이 독자적 핵무장보다 경제적인가?

핵자강 반대론자들은 미국의 핵우산만으로 대북 핵 억제가 가능하고 미국의 확장억제 제공이 한국의 독자적 핵무장보다 국익에 더 도움이 된다고 주장한다. 그런데 미국의 핵우산이 북핵 위협 대응에 충분하지 않기 때문에 현재 한국은 북한 핵·미사일 개발 비용의 10~13

배나 되는 액수를 '킬 체인'과 '한국형미사일방어체계' 구축에 투입하고 있다. 그러나 한국이 핵무장을 하게 되면 이 같은 막대한 비용을 줄일 수 있기 때문에 한국의 핵무장이 미국의 확장억제에 의존하는 것보다 더욱 국익에 부합한다.

한국은 2014년 한 해에만 약 9조 원 규모의 무기를 해외에서 구입했다. 핵무기 개발에는 그것의 약 1/9인 1조 원 정도 소요되는 것으로 알려지고 있다. 2017~2021년 한국의 무기 수입액은 65억 달러로, 2012~2016년과 비교해 71%나 증가했다.[169]

〈시사저널〉이 단독 입수해 2023년 5월에 공개한 방사청의 '3000억 원 이상 해외 무기체계 구매 사례'를 보면, 윤석열 정부는 2022년 5월~2023년 4월 4일까지 12건의 해외 무기 구매를 결정했다. 구입한 모든 무기가 미국산이다. 사업예산은 총 18조 6,725억 원이다. 반면, 문재인 정부가 임기 5년(2017년 5월~2022년 4월) 동안 해외 무기를 구매한 경우는 4건에 2조 4,922억 원이다. 구매 건수에서도 윤석열 정부가 1년 만에 문재인 정부를 3배 넘어선 것이다. 국방기술진흥연구소가 발간하는《2022 세계 방산시장 연감》자료를 보면, 한국은 2017~2021년 세계 주요 무기 수입국 7위를 기록했다. 일본은 무기 수입국 순위에서 10위인 것으로 조사되었다.

세계 각국이 2022년에 지출한 국방비는 3,000조 원에 육박하며 사상 최고치를 기록했다. 우리나라는 '세계 3위 경제대국' 일본을 제치고 464억 달러로 9위를 차지했다. 일본은 460억 달러로 10위다. 2021년 발표된 자료에서는 한국이 10위, 일본이 9위였는데 순위가

뒤바뀌었다.[170]

북한의 핵과 미사일 능력이 급속도로 고도화됨에 따라 한국이 재래식 무기로만 북한에 대응하려고 하면 이처럼 해외 무기 수입 비용과 국방비가 급증할 수밖에 없다. 그런데 한국이 핵무기를 자체적으로 개발하면 무기 수입 비용을 현저하게 줄임으로써 국방비를 상대적으로 절감하고 복지와 교육 등에 더욱 많은 예산을 투입하는 것이 가능할 것이다. 한국은 인구 고령화와 초저출산으로 인해 경제활동인구는 계속 줄어들고 있고 부양인구는 늘어나고 있다. 그리고 한국의 고속 성장 시대는 이미 끝나서 중속 성장에서 저속 성장으로 이행했으며 머지않은 미래에 마이너스 성장 시대로 접어들 가능성이 있다. 그러므로 한국도 이제는 핵 개발을 통한 '더 경제적이고 효율적인 국방'을 모색할 필요가 있다.

3-3. 한국이 핵무장하려면 전작권부터 먼저 전환해야 하는가?

일부 핵자강 반대론자들은 한국이 핵무장하려면 전시작전통제권(이하 전작권)부터 환수해야 한다고 주장한다. 그런데 북한의 급속한 핵과 미사일 능력 고도화를 고려할 때 핵무장과 전작권 전환을 동시에 추진하는 방안도 고려할 수 있을 것이다. 물론 전작권 전환이 먼저 이루어지고 그다음에 핵무장의 방향으로 나아가는 것이 가장 바람직하다. 한국이 재래식 무기 분야에서 세계 6위의 군사강국으로 평가받고 있으므로 한국이 전작권 전환을 더 미룰 이유는 없다.

전작권 전환의 목적은 한국군 대장을 사령관, 미군 대장을 부사령관으로 하는 미래 한미연합군사령부(연합사) 출범을 통해 한국 주도의 연합방위체제를 구축해서 대한민국을 지키고 유사시 승리하는 군을 건설하는 데 있다. 독립 주권국가가 자국군에 대한 작전통제권을 행사하는 것은 당연하다. 6·25 전쟁 직후부터 오늘에 이르기까지 무려 70여 년에 걸쳐서 전시작전통제권을 외국군 사령관에게 위임해온 것은 주권국가의 직무유기다. 세계 어느 나라도 한국을 제외하고는 작전통제권을 이렇게 장기간 위임한 나라는 없다.[171]

일각에서는 핵무기 없는 한국이 어떻게 핵무기를 보유한 북한군과 상대할 수 있다는 것인가라며 전작권 전환에 반대하고 있는데, 한미연합사도 핵무기를 운용하고 있지 않다. 만약 북한이 핵무기로 한국을 공격하면, 핵무기를 탑재한 전략핵잠수함과 전략폭격기, 대륙간탄도미사일 등의 전략자산을 운용하는 미국 전략사령부가 이에 곧바로 대응해야 한다. 그러므로 전작권 전환이 이루어진다고 해서 한미의 북핵 대응에 있어 크게 달라질 것은 없다.

일부 전문가들은 미군이 한 번도 외국군의 작전통제를 받은 적이 없다고 주장하면서 전작권 전환에 반대하지만, 이 같은 주장은 명백히 사실과 다르다. 제1차 세계대전 중인 1918년에 프랑스 에느-마른 전투에서 미군과 프랑스군, 영국군으로 구성된 연합군이 독일군과 맞서 싸웠는데, 이때 프랑스의 포쉬Ferdinal Foch 원수가 연합군사령관으로 미군·영국군·프랑스군을 작전통제해 1차 대전을 승리로 이끌었다. 독일군의 침공으로 심대한 전투력을 손실한 프랑스군이 미군이나 영국군 병력보다 소수였는데도 작전 지역과 적에 대해 정통한 프랑스군이 미군과 영국군을 작전통제했던 것이다. 2011년 3월에는 유엔안보리에서 리비아 카다피에 대한 군사제재 결의안이 통과되어 나토군이 카다피 제거작전에 참가하게 되었다. 이때 미군의 투입전력이 나토 회원 참전국 전체 전력보다 3배 이상이었는데도 미국은 식민지 통치 경험으로 현지 사정에 밝은 이탈리아에 작전통제권을 위임해 카다피 제거 작전을 성공적으로 종료했다.[172]

이와 마찬가지로 한국군 장성이 연합군을 지휘할 때 2~3년 주기로 교체되는 미군 장성이 연합군을 지휘할 때보다 더 잘 싸울 수 있을 것이다. 북한군에 대해 더욱 정통하고 한반도 작전 지역에 대해 평생을 연구하고 훈련해 온 한국군 사령관이 낯선 땅에 적응하게 될 때 이임해야 하는 미군 장성보다 더욱 전쟁을 효과적으로 진행할 수 있을 것이다.[173] 한국군이 전작권 전환으로 안보 자립을 실현하게 될 때 북한도 더는 한국군을 '괴뢰군'이라고 무시하지 못하고, 우발적 충돌을 막기 위해 한국과의 군사대화를 더 진지하게 고려할 것이다.

4. 남북관계 안정성과 전쟁 가능성, 통일 문제

4-1. 핵무장 이후 인도와 파키스탄 관계가 남북한에 주는 시사점

한국의 핵자강에 반대하는 일부 전문가들은 핵 보유 이후 인도-파키스탄 관계를 예로 들면서 한국이 자체 핵무기를 보유하더라도 남북관계가 안정되지 않을 것이라고 주장한다. 예를 들어 한 전문가는

"핵 보유 이후 인도-파키스탄 간의 전면전이나 핵전쟁은 발발하지 않았지만, 양국 간 전략적 안정은 결코 달성되지 못했으며 오히려 주기적인 위기가 초래되었고 군비경쟁 양상도 지속되었다."라고 주장하면서 인도와 파키스탄의 핵 보유 이후 오히려 양국 관계가 더 악화된 것처럼 묘사한다. 그러면서도 이 전문가는 "인도 핵 억제력의 신뢰성은 파키스탄과의 국지적 무력 충돌을 통해 시험받았는데, 파키스탄의 핵 보복에 대한 두려움으로 인도군이 단호하고 신속하게 대응하지 못하는 문제점을 노출했다."라고 지적한다. 그리고 "인도군은 기갑사단 등 대규모 공격 군단을 동원해 파키스탄군과 대치했으나, 파키스탄의 핵 보복에 대한 두려움으로 강경 대응은 자제했다."라고 설명한다.[174]

그런데 파키스탄의 핵 보복에 대한 두려움으로 인도군이 단호하고 신속하게 그리고 강경하게 대응하지 못했다는 것은 다시 말해 양국의 핵 보유로 인해 핵전쟁 위험이 더욱 높아진 것이 아니라 오히려 파키스탄보다 먼저 핵무기를 보유한 인도가 확전을 막기 위해 과거보다 신중하게 행동하고 있음을 보여주는 것이다.

위의 전문가는 "2019년 2월엔 카슈미르 풀와마에서 발생한 테러공격을 계기로 통제선 부근에서 소규모 공방전이 이어지다 인도 공군이 전투기를 동원해 파키스탄 영토 내 테러 조직 캠프에 대한 전격 공습까지 발전했다."라고 지적한다. 그런데 풀와마 테러공격 이후 인도의 발라콧 공습과 파키스탄의 상징적 보복 공습을 포함한 여러 조치를 통해 양국은 대단한 피해 없이 더는 확전을 원하지 않는다는 신호를 주고받았다. 따라서 두 국가 간 무력충돌이 핵전쟁으로 비화되지 않고 마무리된 것은 확전통제가 이루어진 것으로 볼 수 있다.

위의 전문가는 "비핵시기(1972~1989년)에는 약 83%의 기간 동안 평화가 유지되었던 반면, 양국이 핵을 보유한 1990년부터 2002년에는 오직 17%의 기간만 군사적 위기가 없었다는 연구 결과도 존재한다."[175]라는 매우 편향적이고 자의적인 카푸르Kapur의 연구 결과를 인용하고 있다. 그러나 주지하다시피 파키스탄은 1971년 3차 인도·파키스탄전쟁에서 패배함으로써 국토의 16%에 해당하는 동파키스탄이 방글라데시로 분리·독립했다. 그 지역의 인구는 파키스탄 전체 인구의 절반이 넘었다.[176] 1972년 이전에도 인도와 파키스탄은 핵무기를 보유하고 있지 않았는데, 위의 연구결과는 1971년 3차 인도·파키스탄 전쟁 이후부터를 '비핵시기'로 규정하고 있어 논리적으로 큰 문제가 있다.

사이라 칸Saira Khan에 의하면, 남아시아에서 비핵시기였던 1947년부터 1986년 사이에 7번의 위기 상황과 3번의 전쟁이 있었지만, 핵 보유 시기인 1986년부터 2004년까지에는 4번의 위기 상황만 있었다고 한다. 핵 보유 이전 시기에는 위기 상황이 쉽게 양국 간의 전쟁으로 비화되었지만, 양국 모두의 핵무기 보유가 위기 상황이 전쟁으로 악화되는 것을 방지했다는 것이다.[177] 카푸르의 분석보다는 사이라 칸의 분석이 더 설득력이 있다.

남아시아 지역의 경쟁국이며, 국경을 맞대고 있고, 영토 분쟁을 겪어 온 인도와 파키스탄이 핵무기를 보유하게 되었다고 해서 영토 분쟁까지 사라지게 되거나 줄어들게 되기를 기대하는 것은 무리다. 인도·파키스탄의 핵 보유 이후 두 국가 간에 확전으로 이어질 수 있는 위기가 있었지만, 결국 핵전쟁에 대한 우려로 인해 확전되지 않았다는 점을 고려하면 오히려 '공포의 균형'에 의한 확전통제가 성공한 사례로 간주할 수 있을 것이다.

4-2. 한국이 핵무장을 추진하면 북한이 한국을 '예방공격'할 것인가?

일부 핵자강 반대론자들은 한국이 핵무장을 추진하면 북한이 예방공격을 할 가능성이 있다고 지적한다. 박휘락 한선재단 북핵대응연구회장은 2023년 2월 〈데일리안〉에 기고한 글에서 다음과 같이 주장했다.

> 한국이 핵무장을 추진할 경우 이미 핵무기를 보유한 북한에 의한 예방공격preventive attack 가능성이 매우 높아진다는 사실이다. … 북한의 예방공격 여부를 평가해 보면, 경제력이 상대적으로 약한 북한의 입장에서 보면 한국이 핵무기 개발에 성공하게 되면 시간이 흐를수록 남북한 핵 균형에서 그들이 불리해질 것으로 인식하게 될 것이고, 따라서 한국이 핵무기를 실제 개발하기 이전에 핵공격을 가하여 한국을 병합하고자 시도할 가능성이 높다. 만약, 한국의 일방적 핵무장 결정으로 한미동맹이 약화되었을 경우 북한은 미국의 핵우산이 제공되지 않을 것이라고 생각하여 더욱 확신에 차서 한국을 공격할 것이다. 다시 말하면, 한

국의 핵무장 결정은 북한에 의한 한국의 핵공격을 초래할 수 있는 위험성이 크다.[178]

그러나 한국 정부가 미국의 묵인 없이 일방적으로 핵무장을 추진한다는 것은 상상하기 어려우며, 핵무장을 추진하더라도 바보가 아닌 이상 은밀하게 추진하지 공개적으로 추진하지는 않을 것이다. 한국 정부가 핵무장 추진 사실을 공표하는 시점은 핵무장이 완료되었을 때가 될 것이기 때문에 그때는 북한이 '예방공격'을 하기에는 너무 늦은 시점이 될 것이다.

4-3. 남북 핵전쟁 가능성이 커질 것인가?

일부 전문가는 "쌍방 핵무장이 전면전을 어렵게 한다는 것은 핵 억제의 근본 가정이자 실제 역사를 통해 뒷받침되고 있는 사실"이라고 지적하면서도 한국이 핵무장을 할 경우에는 "의도하지 않은 확전이 핵전쟁을 초래할 가능성을 배제할 수 없고, 오히려 남북한 간 핵 군비경쟁이 핵 사용 문턱을 낮추고 우발적 핵 사용 위험을 높일 수 있다."라고 이중 잣대를 들이댄다. 이 전문가는 "인도·파키스탄 간 재래식 충돌이 전면전으로 비화되지 않은 것은 상당 부분 핵무기의 억제 효과에 기인"한다고 평가한다. 그러면서 한국이 핵무장할 경우에만 유독 우발적 핵 사용 위협을 높일 수 있다고 주장하는 것은 한국의 위기관리능력을 인도나 파키스탄보다도 훨씬 낮게 보는 것이다. 미·소와 인도·파키스탄의 경우에는 '핵무기의 억제 효과'를 인정하면서 남북한의 경우에는 이를 인정하지 않는다면 이는 앞뒤가 맞지 않는 모순되는 논리다.

위 전문가는 "북한은 이미 핵무력법령을 통해 비핵공격 상황에서나 전쟁의 주도권 장악 목적으로 핵무기를 사용할 수 있다는 조건을 밝힌 바 있고, 이처럼 낮게 설정된 핵 사용 임계점은 한국의 핵무장으로 더욱 낮아질 수도 있다."라고 주장한다. 그런데 북한의 전술핵무기 대량 생산과 전방 실전배치로 인해 북한의 핵 사용 문턱이 낮아지고 있는 것은 심각한 위협 요인으로 인식하지 않고, 한국의 핵무장만 위험시하는 것은 매우 편향적이고 북한이 아주 좋아할 시각이다.

위 전문가는 "핵무력법령을 통해 북한은 공격 임박 판단만으로 핵무기를 사용할 수 있다고 밝히고 있고 한국군의 3축 체계에도 북한의 핵 사용 임박 시 신속히 타격하는 선제타격 개념이 포함되어 있는데, 한국이 핵무장까지 하게 되면 선제공격에 대한 급박성이 더 커짐으로써 오인과 오해에서 비롯되는 우발적 핵전쟁의 위험성이 더욱 높아질 가능성이 있다."라고 주장한다. 그런데 북한이 서로 다른 장소에서 동시다발적으로 다종의 미사일을 섞어 쏠 경우 한국군이 북한의 도발 징후를 미리 포착해 '선제타격'하기는 거의 불가능하다는 것이 한국 전문가들 대부분의 평가인데, 북한만 그것을 모르고 있을지 의문이다.

이 전문가는 또한 "조기 경보 레이더의 오작동, 관련 요원의 실수 등 냉전 시대 발생했던 허위 경보 사례는 우려스러운 역사적 경험"이라고 지적하면서 미·소와 인도·파키스탄에서는 발생하지 않았던 문제가 한국에서만 발생할 수 있을 것처럼 남북한의 위기관리능력만을 지나치게 평가절하한다. 북한의 핵무력정책법령은 북한이 공격 임박 판단만으로 핵무기를 사용할 수 있다고 밝히고 있는데, 한국이 핵무기를 보유하고 있지 않을 때보다 보유하고 있을 때 북한이 더욱 신중하게 행동할 것이라고 보는 것이 합리적인 판단일 것이다.

위 전문가는 "공포의 균형은 그렇게 안정적이지 않았으며, 끊임없는 핵 군비경쟁과 핵 사용 문턱에 근접한 수많은 위기로 점철되어 왔던 것이 핵전략의 역사였다."라고 주장한다. 그런데 여러 차례 위기는 있었지만 '공포의 균형'으로 인해 결국 핵전쟁은 발생하지 않았기 때문에 안정성이 불안정성보다 컸다고 평가하는 것이 합리적이다.

4-4. 남북 핵 군비경쟁이 발생할 것인가?

일부 전문가는 "핵무기 경쟁은 통제되지 않은 채 끝없이 계속되었고, 아슬아슬한 핵전쟁 위기가 여러 차례 반복되었던 것이 미·소 냉전과 인도·파키스탄 사례에서 나타난 역사적 경험"이라고 주장한다. 이 같은 주장은 미·소 간에 그리고 인도·파키스탄 간에 대략적인 핵 균형, '공포의 균형'이 이루어짐으로써 미·소 간에 전면전이 발생하지 않았고, 인도·파키스탄 간에도 확전통제가 이루어지고 있는 점을 무시 또는 과소평가하는 것이다.

위 전문가는 "한반도에서도 북한이 핵탄두를 늘리고 투발 수단을 다양화할수록 한국은 핵 생존성 보장과 피해 최소화를 위해 더 많은 핵무기와 미사일 방어망을 갖추려 할 것이고, 이는 다시 유사한 북한의 대응조치를 불러올 것"이라고 주장한다. 이 같은 주장이 설득력을 가지려면 한국이 핵무장하지 않았을 때 북한은 '더 많은 핵무기' 개발을 포기해야 하는데, 실상은 전혀 그렇지 않은 것이 문제다. 한국이 핵무기를 보유하든 안 하든 북한의 핵탄두는 기하급수적으로 늘어날 전망인데 북한의 핵무기가 100개가 되든 200개가 되든 '더 많은 핵무기'를 갖는 것을 막기 위해 우리가 핵 보유를 포기하고 지켜만 보아야 하는지 의문이다.

이 전문가는 또한 "북미 적대관계가 해소되지 않는 한 북한은 남한뿐 아니라 미국의 핵능력을 감안해 전력 증강을 하지 않을 수 없기 때문에, 한국의 눈에 북한의 핵 태세는 항상 과도하게 비쳐질 것"이라고 주장한다. 그렇다면 '북한의 핵 태세'가 과도하지 않다는 것인지 반문하지 않을 수 없다. 이 같은 논리대로라면 북한의 핵능력 고도화를 중단시키기 위해 한국은 계속 북미 적대관계 해소를 위한 외교적 노력에 집중해야 하는데, 북한의 대미 비타협적 태도를 고려할 때 외교적 협상 재개를 통해 북미 적대관계 해소가 과연 가능할지 의문이다.

4-5. 한국이 자체 핵무기를 보유해도 남북 군비통제는 어려울 것인가?

일부 전문가는 "핵무장론의 주장처럼 한반도에 전략적 안정이 도래할 것이라는 기대는 비현실적이며, 더욱이 한국의 핵무장이 추후 북한과의 군비통제 여건을 마련해 줄 것이라는 주장도 미소 군비통제 역사에 비추어 볼 때 쉽지 않을 것"이라고 주장한다. 이렇게 주장하는 전문가는 김정은이 '한국군은 핵무기가 없어 북한군의 상대가 되지 않는다.'라고 보는 현재 상태를 그리고 한국 국민의 약 60~70% 이상이 북한의 핵 위협에 맞서기 위해 핵무장을 지지하는 현재 상태를 '전략적 안정' 상태라고 보고 있는지 궁금하다.

남북 군비통제는 과거에도 쉽지 않았고, 북한이 핵을 개발하기 시작하면서부터는 아예 불가능해졌다. 한국이 개발 중인 괴물 미사일 '현무-5'의 탄두 중량은 약 8t 정도로 추정되고 정확한 위력은 잘 알려지지 않고 있는데, 만약 그 위력이 10t 정도라면 북한이 약 10kt 위력의 전술핵무기 한 개를 폐기할 때 한국은 현무-5를 1,000개 폐기해야 한다.[179] 현무-5의 위력이 약 20t 정도라면 북한이 약 10kt 위력의 전술핵무기 한 개를 폐기할 때 한국은 현무-5를 500개 폐기해야 한다. 그런데 북한은 전술핵무기보다 위력이 10배 이상 되는 수소폭탄도 보유하고 있다. 그러므로 북한만 핵을 가지고 있고 우리에게 핵이 없으면 군축협상 자체가 근본적으로 불가능하다.

4-6. 남북한이 통일의 길에서 더욱 멀어질 것인가?

핵자강 반대론자들은 한국이 핵무장하면 남북한 간에 핵 군비경쟁이 발생하고 통일의 길에서 멀어지게 될 것이라고 주장한다. 그러나 랜드연구소와 아산정책연구원이 전망한 것처럼 북한이 2027년경에 약 200개 정도의 핵무기를 보유하게 되면 남북 군사력 격차는 더욱 확대될 수밖에 없다. 그리고 북한이 '핵강국'이 되면 한국이 아무리

경제력에서 북한보다 앞선다고 하더라도 한국 주도의 통일을 실현할 수 없다. 한국은 4,000개가 넘는 핵무기를 만들 수 있는 핵물질을 보유하고 있기 때문에 북한과의 핵 군비경쟁을 두려워할 이유가 전혀 없으며, 한국 주도 통일을 위해서도 남북 핵 균형은 필수다.

북한의 핵과 미사일 능력이 고도화될수록 보수 정부든 진보 정부든 남북협력의 공간조차 줄어든다는 데 문제가 있다. 문재인 정부가 남북관계 개선에 강력한 의지를 가지고 있었지만 금강산 관광 재개조차 하지 못했던 것은 바로 북한의 핵능력 고도화에 따른 국제사회의 강력한 대북제재 때문이었다. 북한의 핵능력이 초보적인 수준에 있었을 때는 남북교류협력이 가능했지만, 핵능력이 고도화됨에 따라 남북교류협력은 거의 불가능해졌다. 따라서 한국 정부가 북핵 문제에 대한 정책을 근본적으로 전환하지 않는 한 다시 진보 정부가 들어선다고 해도 한반도 평화와 남북관계 개선은 기대하기 어려운 실정이다.

만약 남북한 간에 핵 균형이 실현되면 지금처럼 북한이 단거리 탄도미사일 몇 발을 동해상으로 발사했다고 해서 한국 사회 전체가 긴장하지 않아도 될 것이다. 그리고 남북교류협력을 통해 북한에 외화가 들어가면 그것이 북한의 핵과 미사일 개발에 전용될 것이라고 우려해 남북교류협력을 반대하는 목소리도 줄어들어 금강산 관광 재개와 개성공단 재가동의 가능성도 커질 것이다. 남북 핵 균형이 실현되면 미국에 대한 한국의 안보 의존도도 감소해 한국의 대북정책도 미국의 행정부 교체에 덜 영향을 받게 될 것이다.

5. 기타 자주 하는 질문

5-1. 핵무장 주장은 극우의 담론이고 핵무장은 악惡'인가?

어떤 전문가는 일부 국내 세력이 "미국 초강경파와 일본 극우 세력과 합세해, 북한에 빅딜 아니면 노딜 중에서 양자택일하라고 압박하면서 북한의 합리적 안보 우려를 고려한 단계적 비핵화 방식Good Enough Deal을 스몰딜로 폄하하고 반대했다."라고 주장하면서 "북한 핵 위협의 제거 시도를 방해했던 자들이 이제 와서 북한 핵 위협을 내세워 한국의 핵무장을 주장하고 있다."라고 비난한다. 그러나 윤석열 정부의 고위 외교 관계자들 대부분이 2019년 2월 하노이 북미정상회담에서 김정은의 단계적 비핵화 방식을 비판했지만, 그렇다고 그들이 현재 핵무장을 지지하고 있는 것은 아니다. 오히려 그들 대부분은 미국과의 관계가 일시적이라도 악화될 것을 우려해 핵무장에 반대하는 입장이다.

현재 독자적 핵무장을 주장하는 전문가들 중에는 보수적인 전문가들이 상대적으로 더 많기는 하지만, 문재인 정부에서 대외 공공외교 관련 중요한 직책을 맡았던 인사도 있고, 2017년 대선에서는 문재인 후보를, 2022년 대선에서는 이재명 후보나 이낙연 후보를 지지했던 인사도 있다. 특히 2022년 2월 러시아의 우크라이나 침공과 9월 북한의 핵무력정책법령 채택 이후 상당수의 진보 성향 전문가들이 '협상을 통한 북한의 완전한 비핵화'는 이제 실현 불가능한 목표가 되었다고 평가하고 한국의 핵무장 및 남북 핵 균형 필요성에 공감하고 있다.

따라서 핵무장론을 극우의 담론으로 간주하는 것은 부적절하다. 한용섭 전 국방대학교 부총장은 2023년 6월 19일 한국핵정책학회 등이 개최한 학술회의에서 “한국의 좌파 민족주의자들이 지금은 군사주권을 내세우면서 독자 핵 개발을 지지하지만, 우리가 미국과 국제사회의 제재를 받기 시작하는 순간 입장을 바꿔 ‘보수 정권 퇴진운동’을 하며 돌변할 가능성을 배제할 수 없다.”라고 주장했다.[180] 이 같은 주장은 현재 일부 진보 성향 전문가들과 국민들도 독자 핵 개발을 지지하고 있는 상황 변화를 반영하는 것이다.

극우 진영에서도 한국의 독자적 핵무장을 주장하고 있지만, 그들의 주장은 구호에 그치고 있을 뿐 핵무장을 위한 구체적 로드맵도, 국제사회 설득 논리도 제시하지 못하고 있다. 따라서 2022년에 초당적 협력을 강조하는 한국핵자강전략포럼이 출범해 핵자강론을 주도하면서 극우 세력의 핵무장론은 급속히 영향력을 상실하게 되었다.

일부 전문가는 또한 “한국의 핵무장론은 곧 한반도 비핵화 정책의 포기를 의미하는 것이라는 점에서 이들의 주장은 파렴치하고 무책임한 것이다.”라고 말함으로써 마치 ‘한반도 비핵화’ 정책은 선善이고, 한국의 핵무장은 악惡인 것처럼 핵무장을 죄악시·범죄시하는 이분법적 접근을 하고 있다. ‘비핵화’가 선이고 ‘핵무장’은 악이라면, 모든 핵보유국은 악마로, 비핵국가들은 천사로 간주되어야 할 것이다. 그러나 한국의 핵무장만을 악마화하는 전문가들은 기존 핵보유국들의 핵무기 증가에 대해서는 침묵하면서 한국의 핵 보유만 문제시하는 이중 잣대를 적용하고 있다. 그리고 이들 중 일부는 북한의 핵 보유는 방어적이고 협상용이라고 간주하면서 죄악시하거나 범죄시하기는커녕 오히려 은연중에 정당화하는 편향성을 보이고 있다. 만약 일부 전문가들이 진정으로 '비핵화'는 선이고, '핵무장'은 악이라고 생각한다면, 그들은 한국의 핵무장론만 비판할 것이 아니라 미국, 중국, 러시아, 인도, 파키스탄, 이스라엘과 북한의 핵무장에 대해서도 동일한 잣대로 비판해야 할 것이다.

5-2. 핵무장론은 국민의 지지 여론에 편승한 포퓰리즘인가?

일부 전문가는 통일연구원의 2023년 6월 매우 편향된 여론조사 결과를 놓고 핵무장론을 "국민의 핵무장 지지 여론에 편승한 포퓰리즘"이라며 일방적으로 매도한다. 지난 2023년 6월 5일 통일연구원이 발표한 〈KINU 통일의식조사 2023〉 조사 보고서에 따르면, 핵 보유를 찬성하는 응답은 60.2%였다. 그런데 이 보고서는 독자 핵 개발 추진으로 인해 맞닥뜨릴 수 있는 6가지 위기(경제제재, 한미동맹 파기, 안보 위협 심화, 핵 개발 비용, 환경 파괴, 평화 이미지 상실)를 하나씩 제시한 뒤 핵무장에 동의하는지 재차 물었더니 36~37% 수준에 그쳤다고 평가했다. 이 같은 조사결과를 토대로 일부 전문가는 "이것은 핵무장론이 집권당이 취약한 권력 기반을 만회하기 위해 국민의 핵무장 지지 여론에 편승한 포퓰리즘이라는 점을 잘 보여주는 것이다."라고 주장한다.

그런데 통일연구원의 〈KINU 통일의식조사 2023〉 조사 보고서는 핵무장 반대론자들의 선입견과 편견을 토대로 핵무장 시 감당해야 할 '비용'을 과도하게 강조하고, 핵무장으로 얻게 될 '편익'에 관해서는 전혀 언급하지 않은 채 진행된 편향적이고 당파적이며 정치적인 여론조사였다. 다시 말해 이 조사 보고서는 여론조사의 형식을 빌린 사실상의 여론 왜곡, 조작이다. 그러므로 이처럼 매우 왜곡된 여론조사 결과를 토대로 핵무장론이 국민의 핵무장 지지 여론에 편승한 포퓰리즘이라고 주장하는 것이야말로 편향적인 것이다.

일부 진보 성향 전문가는 "핵무장론이 집권당이 취약한 권력 기반을 만회하기 위해 국민들의 핵무장 지지 여론에 편승한 포퓰리즘"이라고 주장한다. 그러나 핵무장 옵션을 아예 포기한 워싱턴선언에 대해 집권당의 핵심 당직자들 대부분이 절대적 지지를 표명한 데서 확인할 수 있듯이 핵무장론은 결코 집권당의 당론이 아니다. 집권당의 일부 인사들이 개인적으로 핵무장을 주장하는 것과 집권당의 당론은 명백히 구별되어야 한다.

5-3. 핵무장보다 북한과의 대화 및 외교가 더 필요한 것 아닌가?

일부 전문가들은 "북한이 핵무기를 사용하면 북한도 공멸할 수밖에 없는데 북한이 설마 핵무기를 실제로 사용하겠느냐?"라고 지적하면서 필요한 것은 미국의 확장억제 강화나 한국의 핵무장이 아니고 북한과의 대화 및 외교라고 주장한다. 그러나 앞에서 살펴본 바와 같이 북한은 2019년 북미정상회담과 실무회담의 결렬 이후 미국 및 남한과의 외교 및 대화를 일체 거부하고 있다. 그러면서도 중국 및 러시아와는 다양한 형태로 대화를 이어가고 있다. 그리고 2022년 12월 말에 개최된 노동당 중앙위원회 제8기 제6차 전원회의 확대회의에서 '전술핵무기 다량 생산'과 핵탄두 보유량을 '기하급수적으로' 늘리는 것을 기본 중심 방향으로 하는 '2023년도 핵무력 및 국방 발전의 변혁적 전략'까지 채택한 상황이다. 그러므로 이 같은 상황에서 북한과의 외교 및 대화에만 집착하는 것은 대한민국의 안보를 위험에 빠뜨릴 수 있는 평화지상주의적 태도다.

외부로부터의 심각한 안보 위협이 존재하는 한 그것에 강력하게 대비하면서 동시에 군사적 긴장 완화와 대화를 추진하는 것이 현명한 접근이다. 이와 관련해 드골이 1950년대 말과 1960년대 초에 핵 개발을 진행하면서 소련 및 동유럽 국가들과의 관계 개선을 추진한 사실로부터 교훈을 얻을 필요가 있다. 1958년에 드골이 다시 권좌에 복귀하자 미 국무장관 포스터 덜레스가 드골에게 찾아와 미국 외교 정책의 요점을 '세계의 공산화'라는 슬로건 아래 팽창하는 소련 제국주의를 봉쇄하고, 필요하면 파괴하는 것이라고 역설했다. 이에 드골은 덜레스에게 소련으로부터의 모든 우발적 침공에 대해 정치적 및 군사적으로 강력히 대비할 필요가 있다고 지적하면서 크렘린과 접촉을 시도해 보는 것도 바람직하다고 말했다. 그리고 "프랑스는 동서간의 긴장 완화를 제의하는 한편, 최악의 사태에 대한 대비에도 게을리하지 않을 것입니다."라고 강조했다.[181]

이처럼 드골은 자체 핵 보유를 추진하는 동시에 동서 긴장 완화를 모색했기 때문에 1960년대에는 니키타 흐루쇼프Nikita Khrushchyov 소련공산당 서기장과 단독 정상회담을 개최하고, 프랑스·미국·영국·소련의 4개국 정상회담도 주도할 수 있었다. 만약 드골 대통령이 프랑스의 안보를 미국에 계속 의존하면서 자체 핵 보유를 포기했다면, 핵심 강대국 정상들과 대등한 위치에서 긴장 완화와 핵 군축 문제에 관해 논의할 수 없었을 것이다.

이와 마찬가지로 한국도 핵무장국가인 북한과 대등한 위치에서 핵 감축과 교류협력에 대해 논의하기를 원한다면 자체 핵 보유가 반드시 필요하다. 만약 한국이 자신의 안보를 계속 미국에만 의존하면서 자체 핵 보유를 포기한다면 북한은 한반도 평화 문제와 관련해서는 핵보유국인 미국만 상대하려고 할 것이다. 그러므로 북한과의 대화를 기대하면서 한국의 자체 핵 보유를 포기하는 것은 한국의 협상력을 약화시키는 매우 어리석은 선택이다.

한국핵자강전략포럼 정관[182]

2022. 10. 29 채택
2022. 11. 26 개정
2023. 5. 19 개정
2023. 6. 21 개정

제1장 총 칙

제1조 (명칭) 본 포럼은 '한반도 평화와 번영을 위한 한국핵자강전략포럼' (약칭: 한국핵자강전략포럼, 영문: ROK Forum for Nuclear Strategy)이라 칭한다.

제2조 (목적) 본 포럼은 다음과 같은 목적을 추구한다.

① 북한의 핵과 미사일 능력의 급속한 고도화로 인해 한국 국민의 안보 불안감이 갈수록 커지고 있는 상황에서 한국의 독자적 핵무장과 남북 핵균형을 통해 한반도 정세를 안정시키고 동북아 및 세계평화에 기여함을 목적으로 한다.

② 핵자강을 통해 외교와 안보 분야에서 한국의 자율성을 더욱 확대하고, 한미동맹을 한미가 책임을 균형 있게 분담하는 더욱 건강한 동맹으로 발전시키는 데 기여한다.

제3조 (사업) 본 포럼은 전항의 목적을 달성하기 위하여 다음의 사업을 진행한다.

① 한국의 독자적 핵무장에 대해 국제사회가 수용할 수 있는 합리적이고 정교한 논리들을 개발하고, 핵무장 과정 및 이후 남북한 간의 핵 균형 및 핵 군축과 남북관계 발전으로 나아가기 위한 정책 방향들을 제시
② 한국의 핵자강에 대한 우려와 부정적인 논리들을 설득할 수 있는 체계적이고 정교한 논리 제시
③ 한국의 외교안보와 한미동맹을 업그레이드시킬 핵자강 옵션에 대한 범국민적, 초당적, 국제적 합의를 이끌어내기 위해 외교안보통일 분야의 전문가, 핵공학자, 문화예술인, 청년, 여성, 탈북민, 해외 전문가 및 동포 등이 광범위하게 참여하는 네트워크를 구축
④ 포럼은 핵자강 전략에 대한 범국민적, 초당적, 국제적 지지를 끌어내기 위해 세미나와 강연, 지역 간담회 등을 수시로 조직
⑤ SNS 등을 통해 포럼의 목적에 부합하는 정보를 회원들과 수시로 공유
⑥ 포럼의 활동을 대외적으로 홍보하기 위해 페이스북 페이지(www.facebook.com/rokfns), 링크드인 페이지(www.linkedin.com/company/rokfns/), 유튜브 채널 등을 운영
⑦ 기타 사업

제2장 회 원

제4조 (회원의 구분) 본 포럼의 취지에 찬동하는 자를 회원으로 하고, 회원은 운영위원, 일반회원, 특별회원으로 구분한다.

제5조 (운영위원) 운영위원은 본 포럼과 관련된 중요한 정책결정에 직접 참여한다.

제6조 (일반회원) 일반회원은 본 포럼에 가입 신청을 해 승인을 받은 자로서 포럼이 주관하는 세미나와 강연 등에 참여할 수 있다.

제7조 (특별회원) 본 포럼의 운영에 재정적으로 큰 기여를 한 인사를 특별회원으로 대우한다,

제8조 (회원의 가입, 승인, 의무 및 자격 상실) 회원 가입, 승인, 제명 등의 절차에 대해서는 운영위원회에서 결정한다.

① 회원은 소정의 회비를 납부해야 하며, 1년 이상 연회비를 납부하지 않을 경우 회원 자격이 자동 상실된다. 연회비 미납으로 회원 자격을 상실한 회원이 미납 연회비를 납부할 경우 회원 자격이 회복된다.
② 회원이 요청하고 운영위원회에서 필요하다고 판단할 경우 해당 회원의 이름은 대외적으로 공개하지 않을 수 있다.
③ 회원이 본 포럼에서 비공개하기로 결정한 사항을 대외적으로 누설하거나 포럼의 명예를 훼손할 경우 운영위원회의 결정으로 제명할 수 있다.

제3장 기구 및 임원

제9조 (기구 및 임원의 구분) 본 회는 다음의 임원을 둔다.

① 대표 1명 (대표는 정기적으로 운영위원회를 개최해, 포럼의 활동 내용을 운영위원들에게 보고하고, 운영위원회에서 포럼의 운영 관련 중요한 정책을 결정한다.)
② 명예고문 약간명
③ 전략고문 10명 이내
④ 분과위원회 위원장 약간명 (분과위원회로 학술분과, 안보분과, 청년분과, 국제협력분과, 국민소통분과, 문화예술분과 등을 설치할 수 있다. 그리고 분과의 구성원이 20명을 넘을 경우 1분과, 2분과 등으로 나눌 수 있다.)
⑤ (국내 및 해외 지역) 지부장 약간명 (포럼은 핵자강 전략에 대한 범국민적, 국제적 지지를 끌어내기 위해 국내 지역 지부뿐만 아니라 주요 국가에 해외 지부를 둘 수 있다.)
⑥ 운영위원 100명 이내
⑦ 운영위원회 간사 겸 사무총장 1명 (사무총장 밑에 직능별로 팀장들을 둘 수 있다)
⑧ 감사 1명

제10조 (임원의 자격, 선출 방법, 임기)

① 모든 임원은 운영회원 중에서 선임한다.
② 대표는 운영위원회에서 선출하며 연임할 수 있다.

③ 모든 임원의 임기는 2년으로 한다.

④ 전략고문, 분과위원장, 지부장, 간사는 대표가 지명한다.

⑤ 감사는 운영위원회에서 선출한다.

제11조 (임원의 직무)

① 대표는 본 포럼을 대표하고 회무를 총괄한다.

② 전략고문과 분과위원장은 대표를 보좌하고, 대표 유고시에는 운영위원회가 선임하는 전략고문 중 한 사람이 그 직무를 대행하도록 한다.

③ 운영위원회 간사 겸 사무총장은 대표를 보좌하여 본 포럼의 사무를 처리한다.

④ 감사는 대표 및 운영위원회의 사업에 관한 사무 및 회계감사를 실시하고, 운영위원회에 그 결과를 보고한다.

⑤ 지부장은 지부를 대표하고 지부의 사무를 총괄한다.

제4장 차기 대표 선거

제12조 본 포럼은 현 대표의 임기 약 1개월 전에 차기 대표를 선출한다.

제13조 차기 대표에 입후보한 자가 복수일 경우 운영위원회에서 투표로 결정한다.

제5장 회 의

제14조 (각종 회의)

① 운영위원회는 대표, 전략고문, 분과위원장, 간사 등 대표가 지명하는 20명 이내의 운영위원으로 구성한다.
② 운영위원회는 포럼의 운영과 관련한 중요한 결정을 내린다.
③ 운영위원회 개최 전 신속한 결정을 요하는 사안에 대해서는 대표가 전략고문과의 협의를 통해 결정을 내리고 그 같은 내용을 운영위원회 회의에서 보고한다.
④ 포럼은 수시로 운영위원, 일반회원, 특별회원 등이 참여하는 세미나를 개최한다.

제15조 (운영위원회의 권한)

① 운영위원회는 사업보고 및 결산에 대한 승인권을 가지며, 중대 사항에 대하여 의결권을 가진다.
② 운영위원회는 출석 운영위원 과반수의 찬성으로 의결한다.
③ 포럼은 중요한 시기에 포럼 전체 명의 또는 포럼의 분과위원회 명의로 성명을 발표할 수 있다. 이 경우 포럼 전체 명의의 성명은 운영위원회의 검토를 거친 후, 포럼 분과위원회의 성명은 대표와 전략고문의 검토를 거친 후 발표한다.

제6장 자산 및 회계

제16조 본 포럼의 자산은 다음과 같다.

① 연회비(임원은 10만원 이상, 일반회원은 10만원, 청년회원은 5만원(지역 및 해외 청년회원의 회비는 별도로 책정), 특별회원은 100만원 이상)
② 기타 수입

제17조 본 포럼의 경비는 회비 수입 등에서 지출한다.

제18조 (결산 보고) 본 포럼의 세입세출 결산을 위해 간사는 회계연도 종료 후 15일 안에 연말 현재의 결산 보고서를 작성하여 감사에게 제출하고, 감사의 검토를 거친 후 운영위원회의 승인을 받아야 한다.

제19조 본 회의 회계연도는 매년 1월부터 12월까지로 한다.

제7장 정관의 개정

제20조 이 정관은 운영위원회에서 개정할 수 있다.

부 칙

제1조 초대 대표의 임기는 2022.10.29~2024.12.31.까지로 한다.

제2조 본 포럼이 2022년 10월 말에 창립된 만큼 2022년과 2023년에는 연회비를 한 차례만 납부하는 것으로 한다.

제3조 이 정관의 시행에 필요한 사항은 운영위원회의 결의로 규정한다.

제4조 운영위원회 소집이 불가능하거나 불필요한 경우 SNS로 의결할 수 있다.

제5조 본 정관은 운영위원회에서 통과된 즉시 발효된다.

핵자강전략포럼 청년위원회 성명

김정은 집권 이후 북한의 핵과 미사일 능력이 급속히 고도화되면서 현재 대한민국은 6·25 전쟁 이후 최대의 안보 위기에 직면해 있다. 2018년에 북한은 미국과의 협상을 위해 핵실험과 대륙간탄도미사일(ICBM) 시험발사 중단을 대내외에 약속했지만, 올해 ICBM 시험발사를 재개했고 추가 핵실험까지 준비하고 있다. 북한은 더 나아가 전술핵무기를 전방에 배치하겠다는 의도를 공공연히 드러냈고, 핵무력정책법령을 채택해 핵 선제공격까지 정당화했다. 그리고 최근 대한민국에 대한 전술핵무기 공격 연습까지 진행했다. 따라서 2030 청년들은 다음과 같이 입장을 밝힌다.

첫째, 대한민국의 안보가 이처럼 심각한 위기 상황에 처해 있지만, 정부는 더 이상 신뢰하기 어려운 '확장억제'에만 전적으로 의존하고 있고, 일부 야당은 북한과의 대화만 강조하고 있다. 이에 미래 안보를 걱정하는 대한민국의 청년들이 진영논리나 좌우의 정치 이념을 초월해 모여 대한민국 정부와 정치권이 각성하고 현실을 냉정하게 직시할 것을 촉구한다.

둘째, 대한민국의 안보를 위해 굳건한 한미동맹의 지속이 필요하다는 데 전적으로 동의한다. 그러나 북한이 대한민국에 핵무기를 사용할 경우 미 행정부가 자국의 수도나 대도시가 북한의 핵공격으로 초토화되는 것을 감수하면서까지 대한민국을 지켜줄 수 있을지에 대해 미국 학자들 가운데서도 부정적인 평가가 나오고 있음을 잘 알고 있다. 그리고 우리는 대한민국의 발전에 큰 도움을 준 미국이 북한과의 핵전쟁에 직면하는 것도 원치 않는다.

셋째, 대한민국이 비핵국가라는 이유로 북한의 무시와 협박을 받는 일이 없도록 하기 위해 핵 보유는 자위권 차원의 불가피한 선택이다. 일각의 우려 또한 인지하고 있지만, 한반도의 기울어진 운동장을 바로 세우고 핵 균형을 이룩하는 것은 남북 평화 공존을 위한 필연적인 선택이다. 북한의 핵 위협에 대한 두려움으로 인해 현재 국민의 70% 이상이 대한민국의 독자적 핵무장을 지지하고 있으며, 대한민국은 기울어진 운동장의 불리한 쪽에 서 있다.

넷째, 만약 북한이 대한민국의 안보에 더욱 심각한 위협이 될 제7차 핵실험을 감행한다면 대한민국 정부가 핵확산금지조약(NPT)에서 탈퇴하는 결단을 내릴 것을 촉구한다. 그리고 북한이 일정 기간 내 비핵화 협상에 복귀하지 않을 시 미국과의 협의하에 독자 핵무장의 방향으로 나아갈 것을 요구한다. 북한이 핵능력을 끊임없이 발전시키면서 대한민국에 대한 핵전쟁 연습까지 하는 상황에서 정부가 계속 비핵화만을 고집한다면 대한민국의 미래는 없다.

다섯째, 북한과 중국에 맞닿은 미래 대한민국을 이끌어가야 할 동력은 2030 청년이다. 이해당사자이자 나라의 미래를 짊어질 기둥으로서, 우리는 현 상황에 대해 강한 문제의식을 갖고 일치된 목소리를 가능한 한 크게 널리, 그리고 멀리 퍼뜨리고자 한다. 미래세대에게 부끄럽지 않도록, 그들이 평화와 안정 속에서 자유와 행복을 누릴 수 있도록 강한 나라를 물려주어야 하며 이를 위한 노력은 청년들로부터 시작되어야 한다.

이에 2030으로 이루어진 우리 청년들은 '한반도 평화와 번영을 위한 핵자강전략포럼'(약칭 '핵자강전략포럼')의 출범과 대한민국의 현실적인 안보정책을 위한 논의가 시의적절하다는 데 공감한다. 그리고 이 포럼의 취지에 공감하는 국내외 청년들이 대거 참여하기를 기대한다.

힘이 없는 평화는 불안정하며, 아무도 자국을 지키지 못하는 국가에 귀 기울이지 않는다. 현재의 안보 위기를 극복하고 한반도에 새로운 평화와 번영의 시대를 열기 위해 정부와 정치권의 대결단 및 의식 있는 청년들의 대단결을 촉구하는 바이다.

2022년 10월 12일
이대한(간사), 송운학, 이은우, 이정후, 이준영, 장용정, 전현승, 차은혁, 최태희 외
청년위원회 회원 일동

핵무기의 비확산에 관한 조약 (NPT)

(Treaty on the Non-Proliferation of Nuclear Weapons)[183]

[발효일 1975. 4. 23]

본 조약을 체결하는 국가들(이하 "조약 당사국"이라 칭한다)은, 핵전쟁이 모든 인류에게 엄습하게 되는 참해와 그러한 전쟁의 위험을 회피하기 위하여 모든 노력을 경주하고 제국민의 안전을 보장하기 위한 조치를 취하여야 할 필연적 필요성을 고려하고, 핵무기의 확산으로 핵전쟁의 위험이 심각하게 증대할 것임을 확신하며, 핵무기의 광범한 분산방지에 관한 협정의 체결을 요구하는 국제연합총회의 제결의에 의거하며, 평화적 원자력 활동에 대한 국제원자력기구의 안전조치 적용을 용이하게 하는 데 협조할 것을 약속하며, 어떠한 전략적 장소에서의 기재 및 기타 기술의 사용에 의한 선원물질 및 특수분열성물질의 이동에 대한 효과적 안전조치 적용 원칙을, 국제원자력기구의 안전조치 제도의 테두리 내에서, 적용하는 것을 촉진하기 위한 연구개발 및 기타의 노력에 대한 지지를 표명하며, 핵폭발 장치의 개발로부터 핵무기 보유국이 인출하는 기술상의 부산물을 포함하여 핵기술의 평화적 응용의 이익은, 평화적 목적을 위하여 핵무기 보유국이거나 또는 핵무기 비보유국이거나를 불문하고, 본 조약의 모든 당사국에 제공되어야 한다는 원칙을 확인하며, 상기 원칙을 촉진함에 있어서 본 조약의 모든 당사국은 평화적 목적을 위한 원자력의 응용을 더욱 개발하기 위한 과학 정보의 가능한 한 최대한의 교환에 참여할 권리를 가지며, 또한 단독으로 또는 다른 국가와 협조하여 동 응용의 개발에 가일층 기여할 수 있음을 확신하며, 가능한 한 조속한 일자에 핵무기 경쟁의 중지를 성취하고 또한 핵 군비 축소의 방향으로 효과적인 조치를 취하고자 하는 당사국의 의사를 선언하며, 이러한 목적을 달성함에 있어서 모든 국가의 협조를 촉구하며,

대기권, 외기권 및 수중에서의 핵무기 실험을 금지하는 1963년 조약 당사국들이, 핵무기의 모든 실험폭발을 영원히 중단하도록 노력하고 또한 이러한 목적으로 교섭을 계속하고자 동 조약의 전문에서 표명한 결의를 상기하며, 엄격하고 효과적인 국제감시하의 일반적 및 완전한 군축에 관한 조약에 따라 핵무기의 제조 중지, 모든 현존 핵무기의 비축 해소 및 국내 병기고로부터의 핵무기와 핵무기 운반 수단의 제거를 용이하게 하기 위하여 국제적 긴장 완화와 국가 간의 신뢰 증진을 촉진하기를 희망하며, 국제연합헌장에 따라 제국가는, 그들의 국제관계에 있어서 어느 국가의 영토 보전과 정치적 독립에 대하여 또는 국제연합의 목적과 일치하지 아니하는 여하한 방법으로, 무력의 위협 또는 무력 사용을 삼가해야 하며 또한 국제평화와 안전의 확립 및 유지는 세계의 인적 및 경제적 자원의 군비 목적에의 전용을 최소화함으로써 촉진될 수 있다는 것을 상기하여, 다음과 같이 합의하였다.

제1조 핵무기 보유 조약 당사국은 여하한 핵무기 또는 기타의 핵폭발장치 또는 그러한 무기 또는 폭발장치에 대한 관리를 직접적으로 또는 간접적으로 어떠한 수령자에 대하여도 양도하지 않을 것을 약속하며, 또한 핵무기 비보유국이 핵무기 또는 기타의 핵폭발장치를 제조하거나 획득하며 또는 그러한 무기 또는 핵폭발장치를 관리하는 것을 여하한 방법으로도 원조, 장려 또는 권유하지 않을 것을 약속한다.

제2조 핵무기 비보유 조약 당사국은 여하한 핵무기 또는 기타의 핵폭발장치 또는 그러한 무기 또는 폭발장치의 관리를 직접적으로 또는 간접적으로 어떠한 양도자로부터도 양도받지 않을 것과, 핵무기 또는 기타의 핵폭발상치를 제소하거나 또는 다른 방법으로 획득하지 않을 것과, 또한 핵무기 또는 기타의 핵폭발장치를 제조함에 있어서 어떠한 원조를 구하거나 또는 받지 않을 것을 약속한다.

제3조 ① 핵무기 비보유 조약 당사국은 원자력을, 평화적 이용으로부터 핵무기 또는 기타의 핵폭발장치로, 전용하는 것을 방지하기 위하여 본 조약에 따라 부담하는 의무이행의 검증을 위한 전속적 목적으로 국제원자력기구규정 및 동 기구의 안전조치 제도에 따라 국제원자력기구와 교섭하여 체결할 합의사항에 열거된 안전조치를 수락하기로 약속한다. 본 조에의하여 요구되는 안전조치의 절차는, 선원물질 또는 특수분열성물질이 주요 원자력 시설 내에서 생산처리 또는 사용되고 있는가 또는 그러한 시설 외에서 그렇게 되고 있는가를 불문하고, 동 물질에 관하여 적용되어야 한다. 본

조에 의하여 요구되는 안전조치는 전기당사국 영역 내에서나 그 관할권하에서나 또는 기타의 장소에서 동 국가의 통제하에 행하여지는 모든 평화적 원자력 활동에 있어서의 모든 선원물질 또는 특수분열성물질에 적용되어야 한다.

② 본 조약 당사국은, 선원물질 또는 특수분열성물질이 본 조에 의하여 요구되고 있는 안전조치에 따르지 아니하는 한, (가) 선원물질 또는 특수분열성물질 또는 (나) 특수분열성물질의 처리, 사용 또는 생산을 위하여 특별히 설계되거나 또는 준비되는 장비 또는 물질을 평화적 목적을 위해서 여하한 핵무기 보유국에 제공하지 아니하기로 약속한다.

③ 본 조에 의하여 요구되는 안전조치는, 본 조약 제4조에 부응하는 방법으로, 또한 본 조의 규정과 본 조약 전문에 규정된 안전조치 적용원칙에 따른 평화적 목적을 위한 핵물질의 처리, 사용 또는 생산을 위한 핵물질과 장비의 국제적 교환을 포함하여 평화적 원자력 활동 분야에 있어서의 조약 당사국의 경제적 또는 기술적 개발 또는 국제협력에 대한 방해를 회피하는 방법으로 시행되어야 한다.

④ 핵무기 비보유 조약 당사국은 국제원자력기구규정에 따라 본 조의 요건을 충족하기 위하여 개별적으로 또는 다른 국가와 공동으로 국제원자력기구와 협정을 체결한다. 동 협정의 교섭은 본 조약의 최초 발효일로부터 180일 이내에 개시되어야 한다.

전기의 180일 후에 비준서 또는 가입서를 기탁하는 국가에 대해서는 동 협정의 교섭이 동 기탁일자 이전에 개시되어야 한다. 동 협정은 교섭개시일로부터 18개월 이내에 발효하여야 한다.

제4조 ① 본 조약의 어떠한 규정도 차별 없이 또한 본 조약 제1조 및 제2조에 의거한 평화적 목적을 위한 원자력의 연구, 생산 및 사용을 개발시킬 수 있는 모든 조약 당사국의 불가양의 권리에 영향을 주는 것으로 해석되어서는 아니된다.

② 모든 조약 당사국은 원자력의 평화적 이용을 위한 장비 물질 및 과학기술적 정보의 가능한 한 최대한의 교환을 용이하게 하기로 약속하고, 또한 동 교환에 참여할 수 있는 권리를 가진다. 상기의 위치에 처해 있는 조약 당사국은, 개발도상지역의 필요성을 적절히 고려하여, 특히 핵무기 비보유 조약 당사국의 영역 내에서, 평화적 목적을 위한 원자력의 응용을 더욱 개발하는 데 단독으로 또는 다른 국가 및 국제기구와 공동으로 기여하도록 협력한다.

제5조 본 조약 당사국은 본 조약에 의거하여 적절한 국제감시하에 또한 적절한 국제적 절차를 통하여 핵폭발의 평화적 응용으로부터 발생하는 잠재적 이익이 무차별의 기초 위에 핵무기 비보유 조약 당사국에 제공되어야 하며, 또한 사용된 폭발장치에 대하여 핵무기 비보유 조약 당사국이부담하는 비용은 가능한 한 저렴할 것과 연구 및 개발을 위한 어떠한 비용도 제외할 것을 보장하기 위한 적

절한 조치를 취하기로 약속한다. 핵무기 비보유 조약 당사국은 핵무기 비보유국을 적절히 대표하는 적당한 국제기관을 통하여 특별한 국제협정에 따라 그러한 이익을 획득할 수 있어야 한다. 이 문제에 관한 교섭은 본 조약이 발효한 후 가능한 한 조속히 개시되어야 한다. 핵무기 비보유 조약 당사국이 원하는 경우에는 양자협정에 따라 그러한 이익을 획득할 수 있다.

제6조 조약 당사국은 조속한 일자 내의 핵무기 경쟁 중지 및 핵 군비 축소를 위한 효과적 조치에 관한 교섭과 엄격하고 효과적인 국제적 통제하의 일반적 및 완전한 군축에 관한 조약 체결을 위한 교섭을 성실히 추구하기로 약속한다.

제7조 본 조약의 어떠한 규정도 국가의 집단이 각자의 영역 내에서 핵무기의 전면적 부존재를 보장하기 위하여 지역적 조약을 체결할 수 있는 권리에 영향을 주지 아니한다.

제8조 ① 조약 당사국은 어느 국가나 본 조약에 대한 개정안을 제의할 수 있다. 제의된 개정문안은 기탁국 정부에 제출되며 기탁국 정부는 이를 모든 조약 당사국에 배부한다. 동 개정안에 대하여 조약 당사국의 3분의 1 또는 그 이상의 요청이 있을 경우에, 기탁국 정부는 동 개정안을 심의하기 위하여 모든 조약 당사국을 초청하는 회의를 소집하여야 한다.

② 본 조약에 대한 개정안은, 모든 핵무기 보유 조약 당사국과 동

개정안이 배부된 당시의 국제원자력기구 이사국인 조약 당사국 전체의 찬성을 포함한 모든 조약 당사국 과반수의 찬성투표로써 승인되어야 한다. 동 개정안은 개정안에 대한 비준서를 기탁하는 당사국에 대하여, 모든 핵무기 보유 조약 당사국과 동 개정안이 배부된 당시의 국제원자력기구 이사국인 조약 당사국 전체의 비준서를 포함한 모든 조약 당사국 과반수의 비준서가 기탁된 일자에 효력을 발생한다. 그 이후에는 동 개정안에 대한 비준서를 기탁하는 일자에 동 당사국에 대하여 효력을 발생한다.

③ 본 조약의 발효일로부터 5년이 경과한 후에 조약 당사국 회의가 본 조약 전문의 목적과 조약규정이 실현되고 있음을 보증할 목적으로 본 조약의 실시를 검토하기 위하여 스위스 제네바에서 개최된다. 그 이후에는 5년마다 조약 당사국 과반수가 동일한 취지로 기탁국 정부에 제의함으로써 본 조약의 실시를 검토하기 위해 동일한 목적의 추후 회의를 소집할 수 있다.

제9조 ① 본 조약은 서명을 위하여 모든 국가에 개방된다. 본조 3항에 의거하여 본 조약의 발효전에 본 조약에 서명하지 아니한 국가는 언제든지 본 조약에 가입할 수 있다.

② 본 조약은 서명국에 의하여 비준되어야 한다. 비준서 및 가입서는 기탁국 정부로 지정된 미합중국, 영국 및 소련 정부에 기탁된다.

③ 본 조약은 본 조약의 기탁국 정부로 지정된 국가 및 본 조약의 다른 40개 서명국에 의한 비준과 동 제국에 의한 비준서 기탁일자에 발효한다. 본 조약상 핵무기 보유국이라 함은 1967년 1월 1일 이전에 핵무기 또는 기타의 핵폭발장치를 제조하고 폭발한 국가를 말한다.

④ 본 조약의 발효 후에 비준서 또는 가입서를 기탁하는 국가에 대해서는 동 국가의 비준서 또는 가입서 기탁일자에 발효한다.

⑤ 기탁국 정부는 본 조약에 대한 서명일자, 비준서 또는 가입서 기탁일자, 본 조약의 발효일자 및 회의 소집 요청 또는 기타의 통고 접수 일자를 모든 서명국 및 가입국에 즉시 통보하여야 한다.

⑥ 본 조약은 국제연합헌장 제102조에 따라 기탁국 정부에 의하여 등록된다.

제10조 ① 각 당사국은, 당사국의 주권을 행사함에 있어서, 본 조약상의 문제에 관련되는 비상사태가 자국의 지상이익을 위태롭게 하고 있음을 결정하는 경우에는 본 조약으로부터 탈퇴할 수 있는 권리를 가진다. 각 당사국은 동 탈퇴 통고를 3개월 전에 모든 조약 당사국과 국제연합 안전보장이사회에 행한다. 동 통고에는 동 국가의 지상이익을 위태롭게 하고 있는 것으로 그 국가가 간주하는 비상사태에 관한 설명이 포함되어야 한다.

② 본 조약의 발효일로부터 25년이 경과한 후에 본 조약이 무기한으로 효력을 지속할 것인가 또는 추후의 일정 기간 동안 연장될 것인가를 결정하기 위하여 회의를 소집한다. 동 결정은 조약 당사국 과반수의 찬성에 의한다.

제11조 동등히 정본인 영어, 노어, 불어, 서반아어 및 중국어로 된 본 조약은 기탁국 정부의 문서보관소에 기탁된다. 본 조약의 인증등본은 기탁국 정부에 의하여 서명국과 가입국 정부에 전달된다.

이상의 증거로서 정당히 권한을 위임받은 하기 서명자는 본 조약에 서명하였다.

1968년 7월 1일 워싱턴, 런던 및 모스크바에서 본 협정문 3부를 작성하였다.

대한민국 정부와 미합중국 정부 간의 원자력의 평화적 이용에 관한 협력 협정[184]

2015년 6월 15일 워싱턴에서 서명
2015년 11월 25일 발효

대한민국 정부와 미합중국 정부(이하 "당사자들"이라 한다)는,

1972년 11월 24일 서명되고 이후 개정된 〈원자력의 민간이용에 관한 대한민국 정부와 미합중국 정부 간의 협력을 위한 협정〉(이하 "1972년 협정"이라 한다)에 따른 원자력의 평화적 이용에 있어 당사자들 간의 긴밀한 협력의 가치를 인식하며,

대한민국과 미합중국이 당사국인 1968년 7월 1일 작성된 〈핵무기의 비확산에 관한 조약〉(이하 "NPT"라 한다)이 전세계적 핵비확산체제의 초석임을 확인하고, NPT의 보편적인 준수를 증진하고자 하는 당사자들의 희망을 재확인하며,

국제원자력기구(이하 "IAEA"라 한다)의 목표와, 추가의정서를 포함한 IAEA 안전조치 체제에 대한 당사자들의 지지를 재확인하며,

차별 없이 그리고 NPT의 제1조, 제2조 및 제3조에 의거하여, 평화적 목

적을 위한 원자력의 연구, 생산 및 이용을 개발할 수 있는 NPT 당사국의 불가양의 권리를 확인하며,

이와 관련하여, 원자력의 평화적 이용을 위한 새로운 약정을 체결함으로써 각 당사자의 주권에 대한 침해 없이 당사자들 간의 기존 협력을 확대하기를 희망하고, 양 당사자 모두가 전력 생산을 위한 원자력의 이용 및 원자력 산업 발전에 있어서 선진적 수준에 도달했다는 인식을 강조하면서, 평등과 호혜의 원칙에 바탕을 둔, 예측 가능하고 신뢰할 수 있는 장기 계획의 필요성과 지속적인 전략적 원자력 동반자 관계의 필요성을 인식하며,

특히, 평화적 목적을 위하여, 그리고 핵비확산 및 국제적인 안전조치를 지지하는 방식으로, 민간 원자력의 안전하고 안정적이며 환경적으로 지속 가능한 개발을 추구하고자 하는 공동 목표를 확인하며,

기후 변화, 비확산, 에너지 안보 및 지속 가능한 경제 개발 문제에 효과적으로 대응하기 위하여, 원자력의 평화적 이용에 관한 당사자들의 선진적 수준에 대한 정당한 고려하에, 선진연료주기 기술 등 방사성폐기물 관리 기술 및 차세대 원자력 시스템의 개발을 가속화하는 것이 당사자들의 상호 이익임을 확인하며,

평화적 목적을 위한 원자력 이용 및 개발의 중요성을 인식하고, 산업 및 상업 협력과 원자력 교역은 물론 원자력 연구·개발 협력을 확대하고 원활히 하기를 희망하고, 이에 따라 당사자들 간의 양자동맹관계를 강화하며,

원자력 사고를 예방하고, 원자력 사고나 방사선 비상사태가 발생했을 경우에는 그 영향을 완화시키기 위한 적절한 지원을 제공할 목적으로, 원자력 활동에서의 안전을 보장함에 있어 협력을 증진하기를 희망하며,

핵 안보, 원자력 안전조치, 핵 테러리즘 및 대량살상무기 확산 방지 등 전

세계적 비확산체제를 강화해 나가는 데 있어서의 당사자들 간 공고한 동반자 관계와, 북한의 핵 프로그램이 야기하는 안보 및 확산 위협에 대응하기 위한 당사자들의 공동 목표를 추진하는 데 있어서의 긴밀한 협력을 재확인하며, 그리고

평화적 원자력 활동은 방사능, 화학적 및 열적 오염으로부터 국제 환경을 보호한다는 목표를 감안하여 수행되어야 한다는 것을 유념하면서,

다음과 같이 합의하였다.

제1조 정의

이 협정과 합의의사록의 목적상,

가. "합의의사록"은 이 협정의 불가분의 일부로, 이 협정에 부속된, 합의의사록과 양자 고위급 위원회에 관한 합의의사록을 의미한다.

나. "부산 물질"은 특수핵분열성물질의 생산 또는 이용 과정에 부수하여 방사선에 노출됨으로써 생성되거나 방사능을 띠게 되는 모든 방사성물질(특수핵분열성물질은 제외한다)을 의미한다.

다. "구성품"은 장비의 구성 부분, 또는 당사자들의 합의에 의하여 지정된 그 밖의 품목을 의미한다.

라. "변환"은 우라늄이 하나의 화학적 형태에서 또 다른 형태로 변형되는 핵연료주기상의 모든 통상적인 작업으로서 연료의 성형가공에 선행하며 농축을 제외한 것을 의미한다.

마. "장비"는 주로 플루토늄 또는 우라늄 233 생성을 위하여 설계되거나 이용되는 것을 제외한 완성품으로서의 모든 원자로, 그리고 아

래 명시되었거나 당사자들의 합의에 의하여 지정된 그 밖의 모든 품목을 의미한다.

1) 원자로 압력용기: 원자로의 노심을 수용하기 위하여 설계되거나 마련된 것으로서 1차 냉각재의 운전압력을 견딜 수 있는 완성품 또는 주요 공장 제작 부품으로서의 금속 용기

2) 완성품으로서의 "온라인" 원자로 연료 장전 및 인출 장치: 운전 중 작업이 가능한 원자로에 연료를 삽입 또는 제거하기 위하여 특별히 설계되거나 마련된 조작 장비

3) 완전한 원자로 제어봉 계통: 원자로 안에서 반응 속도를 제어하기 위하여 특별히 설계되거나 마련된 것으로서 제어봉 구동장치를 포함한 완전한 제어봉 집합체

4) 완성품으로서의 원자로 1차 냉각재 펌프: 원자로 1차 냉각재를 순환시키기 위하여 특별히 설계되거나 마련된 것으로서 모터를 포함한 펌프

바. "고농축우라늄"은 우라늄 235 동위원소가 20퍼센트 이상으로 농축된 우라늄을 의미한다.

사. "정보"는 과학적, 상업적 또는 기술적 자료나 당사자들 또는 적절한 당국의 합의에 의하여 적절히 지정된 모든 형태의 정보로서 이 협정에 따라 제공되거나 교환되는 것을 의미한다.

아. "저농축우라늄"은 우라늄 235 동위원소가 20퍼센트 미만으로 농축된 우라늄을 의미한다.

자. "감속재 물질"은 원자로에서 고속 중성자를 감속시키고 추가적인 핵분열 가능성을 높이는 용도에 적합한 순도의 중수 또는 흑연, 또

는 당사자들의 합의에 의하여 그렇게 지정된 그 밖의 모든 그러한 물질을 의미한다.

차. "핵물질"은 (1) "원료물질", 즉, 자연 상태의 동위원소 혼합비율을 갖는 우라늄, 우라늄 235 동위원소가 감손된 우라늄, 토륨, 금속·합금·화합물 또는 정광 형태로서 앞서 언급한 물질 중 어느 하나, 앞서 언급한 물질 중 하나 이상을 당사자들이 합의하는 농도로 함유하는 그 밖의 모든 물질 및 당사자들이 합의하는 그러한 그 밖의 물질, 그리고 (2) "특수핵분열성물질", 즉, 플루토늄, 우라늄 233, 동위원소 233 또는 235가 농축된 우라늄, 앞서 언급한 물질 중 하나 이상을 함유하는 모든 물질 및 당사자들이 합의하는 그러한 그 밖의 물질을 의미한다.

카. "평화적 목적"은 연구, 전력 생산, 의료, 농업 및 산업과 같은 분야에서의 정보, 핵물질, 감속재 물질, 부산 물질, 장비 및 구성품의 이용을 포함하나, 어떠한 핵폭발장치에서의 이용, 핵폭발장치의 연구 또는 개발이나, 어떠한 군사적 목적도 포함하지 아니한다.

타. "인"은 어느 한쪽 당사자의 관할하에 있는 모든 개인 또는 모든 실체를 의미하나 이 협정의 당사자는 포함하지 아니한다.

파. "원자로"는 우라늄, 플루토늄 또는 토륨, 또는 그러한 것들의 조합을 활용함으로써 자체적으로 지속되는 핵분열 연쇄 반응이 유지되는 모든 기구를 의미하며, 핵무기 또는 그 밖의 핵폭발장치는 제외한다.

하. "기밀자료"는 (1) 핵무기의 설계, 제조 또는 활용, (2) 특수핵분열성물질의 생산, 또는 (3) 에너지 생산을 위한 특수핵분열성물질의 이용에 관한 모든 자료를 의미하나, 한쪽 당사자가 기밀을 해제하였거

나 기밀자료의 범주에서 제외한 해당 당사자의 자료는 포함하지 아니한다.

거. "민감 원자력 기술"은 공유 영역에 있지 아니하고, 주로 우라늄 농축, 핵연료 재처리, 또는 중수 생산을 위하여 설계되거나 이용되는 모든 시설의 설계, 건설, 제작, 운영 또는 유지에 중요한 모든 정보(장비 또는 장비의 중요한 구성품에 구현된 정보를 포함), 또는 당사자들의 합의에 의하여 지정될 수 있는 그 밖의 모든 정보를 의미한다.

제2조 협력의 범위

1. 당사자들은 이 협정의 규정과 당사자들의 적용 가능한 조약, 국내 법령 및 인허가 요건에 따라 원자력의 평화적 이용에 관하여 협력한다.

2. 이 협정에 따른 정보, 핵물질, 감속재 물질, 장비 및 구성품의 이전은, 직접적이든 또는 제3국을 통해서이든, 당사자들 사이에서 또는 허가받은 인을 통하여 이루어질 수 있다. 직접적이든 또는 간접적이든 간에, 한 당사자의 영역에서 다른 당사자의 영역으로 이전된 정보, 핵물질, 감속재 물질, 장비 및 구성품은, 공급 당사자가 수령 당사자에게 의도된 이전을 서면으로 통보하고, 수령 당사자가 그러한 통보의 수령을 서면으로 확인하는 경우 수령 당사자의 영역 관할권으로 반입될 때 이 협정의 적용 대상이 된다. 당사자들은 선적에 앞서 그러한 통보를 제공하기 위하여 합리적인 노력을 하며, 그러한 행위의 중요성을 인식한다. 또한 그러한 이전은 당사자들에 의하여 합의되는 추가적인 조건의 적용을 받는다.

3. 이 협정의 적용을 받는 핵물질, 감속재 물질, 부산 물질, 장비 및 구성품(이 항의 목적상 총칭하여 "품목"이라 한다)은 제19조에 따라 체결된 행정약정에 규정된 절차에 따라, 당사자들 또는 당사자들의 당국에 의하여 서면으로 다음과 같이 결정되기 전까지, 이 협정 규정의 적용을 받는다.

가. 이 협정의 관련 규정에 따라 그러한 품목이 수령 당사자의 영역, 관할권, 또는 통제 밖으로 재이전됨.

나. 핵물질 또는 감속재 물질의 경우, 그것이 국제 안전조치의 관점에서 유의미한 어떠한 원자력 활동에도 더 이상 이용될 수 없게 되었거나 또는 실질적으로 회수될 수 없게 됨. 또는,

다. 장비, 구성품, 또는 부산 물질의 경우, 그러한 품목이 원자력 목적으로 더 이상 이용될 수 없게 됨.

제3조 원자력 연구·개발에 관한 협력

1. 당사자들은 다음 분야의 원자력 연구、개발 및 실증에 있어 그러한 활동이 각 당사자의 원자력 연구、개발 프로그램에 포함되는 한, 가능한 최대한의 협력을 원활히 하기로 약속한다.

가. 방사선 방호의 규제 및 운영 측면을 포함하는 원자력 안전

나. 선진 핵연료주기 기술을 포함하는 차세대 원자력 시스템

다. 처분을 포함하는 방사성 폐기물 관리

라. 방사성동위원소의 생산과 방사선 및 방사성동위원소의 응용

마. 안전조치 및 물리적 방호

바. 다자간 사업 등에서의 제어 열핵융합

사. 핵연료의 설계 및 제조

아. 원자로의 개발, 설계, 건설, 운영, 유지 및 이용, 원자로 실험, 해체, 그리고

자. 당사자들이 합의하는 그 밖의 분야

2. 이 조에 따른 협력은 훈련, 인적 교류, 회의, 실험 목적을 위한 견본, 물질 및 기기의 교환과 공동 연구 및 사업에의 균형된 참여를 포함할 수 있으나 이에 국한되지는 아니한다.

제4조 정보의 이전

1. 평화적 목적의 원자력 이용에 관한 정보는 이전될 수 있다. 정보의 이전은 보고서, 자료 은행, 컴퓨터 프로그램, 회의, 방문 및 시설로의 직원 파견을 포함하는 다양한 수단을 통하여 이루어질 수 있으나 이에 국한되지는 아니한다.

2. 이 협정은 각 당사자의 조약 및 국내 법령에 따라 이전하는 것이 허용되지 아니한 어떠한 정보의 이전도 요구하지 아니한다.

3. 기밀 자료는 이 협정에 따라 이전되지 아니한다.

4. 민감 원자력 기술과 플루토늄을 함유하는 핵연료의 제조에 관한 것으로서 공유 영역에 있지 아니하는 기술 또는 정보는 이 협정의 개정에 의

하여 규정되는 경우 이 협정에 따라 이전될 수 있거나, 당사자들 간의 별도 협정에 의하여 이전될 수 있다.

제5조 산업 및 상업 협력

당사자들은 원자력의 평화적 이용을 위하여, 당사자들 간 및 각 당사자의 허가받은 인 간의 핵물질, 감속재 물질, 장비 및 구성품, 그리고 과학적 및 기술적 정보의 교환을 원활히 하기로 약속한다. 그러한 교환은 각 당사자의 허가받은 인(persons) 간의 상업적 관계를 통하여 이루어질 수 있으며, 이는 투자, 합작 사업, 제6조에 따른 교역, 그리고 인허가 약정을 포함하나, 이에 국한되지는 아니한다.

제6조 원자력 교역

1. 당사자들은 산업계, 전력회사 및 소비자의 상호 이익을 도모하기 위하여, 당사자들 간 및 각 당사자의 허가받은 인 간의 핵물질, 감속재 물질, 장비 및 구성품의 교역, 그리고 적절한 경우, 제3국과 어느 한쪽 당사자 간의 이 협정의 적용을 받는 핵물질, 감속재 물질, 장비 및 구성품의 교역을 원활히 한다.

2. 당사자 영역 내의 교역, 산업적 운영 또는 핵물질의 이동과 관련하여, 제3자에 대한 허가 또는 동의와 더불어, 이 협정에 따른 수출 및 수입 인

허가와 기술 자료의 이전 및 지원에 대한 승인을 포함하는 허가는 교역을 제한하기 위하여 이용되지 아니한다. 당사자들은 그들의 적절한 당국을 통하여, 이 조에 따른 교역을 원활히 하는 데 필요한 허가의 신청에 대하여 신속하고 부당한 비용 없이 조치를 한다. 당사자들은 각 당사자의 국내 법령에 합치되게 그러한 허가를 신속히 발급하기 위하여 모든 합리적인 노력을 할 것에 합의한다.

제7조 핵물질, 감속재 물질, 장비 및 구성품의 이전

1. 핵물질, 감속재 물질, 장비 및 구성품은 이 협정에 합치되는 적용을 위하여 이전될 수 있다. 이 조의 제3항 및 제4항에 규정된 경우를 제외하고, 이 협정에 따라 이전되는 모든 특수핵분열성물질은 저농축우라늄이어야 한다. 주로 우라늄 농축, 핵연료 재처리, 중수 생산, 또는 플루토늄을 함유하는 핵연료 제조를 위하여 설계되거나 이용되는 모든 시설, 그리고 그러한 시설의 운영을 위하여 필수적인 모든 부품 또는 부품군은, 이 협정의 개정에 의하여 규정되는 경우 이 협정에 따라 이전될 수 있거나, 당사자들 간의 별도 협정에 따라 이전될 수 있다.

2. 저농축우라늄은 원자로 및 원자로 실험의 연료로의 이용, 변환 또는 성형가공, 방사성동위원소의 생산, 또는 당사자들이 합의하는 그 밖의 목적을 위하여, 특히 판매 또는 임대 등을 통하여 이전될 수 있다.

3. 저농축우라늄 이외의 소량의 특수핵분열성물질은 견본, 표본, 검출기,

표적, 추적자로서의 이용이나 당사자들이 합의하는 그 밖의 목적을 위하여 이전될 수 있다.

4. 저농축우라늄과 제3항에서 언급된 특수핵분열성물질을 제외한 특수핵분열성물질은 각 당사자의 적용 가능한 법령 및 인허가 정책을 조건으로, 다음 열거된 모든 목적을 포함하여, 특정한 적용을 위하여 이전될 수 있다. 그러한 목적에는 고속로 장전 또는 고속로 실험에의 이용, 신뢰할 수 있고 효율적이며 지속적인 고속로의 운전, 또는 고속로 실험의 수행이 포함된다.

제8조 핵연료 공급

미합중국 정부는 자국의 국내 법령 및 인허가 정책을 조건으로, 저농축우라늄을 대한민국으로 수출하기 위한 인허가와 대한민국에서 이용될 핵연료로 가공하기 위하여 미국으로부터 제3국으로 수출된 핵물질의 가공으로 발생한 저농축우라늄을 대한민국으로 재이전하기 위한 허가의 신속한 발급을 포함하여, 대한민국에 대한 저농축우라늄의 신뢰할 수 있는 공급을 보장하기 위하여 필요하고 실행 가능한 조치를 취하고자 노력한다.

제9조 사용후핵연료 관리 협력

미합중국 정부는 이 협정에 따라 이전된 핵물질이나 장비의 이용을 통하여 생산된, 조사照射된 특수핵분열성물질의 안전하고 안정적인 관리에 있어서 대한민국을 지원하기 위하여 실행 가능한 조치를 고려한다. 그러한 관리는 저장, 수송 및 처분을 포함하나 이에 국한되지는 아니한다.

제10조 저장 및 재이전

1. 이 협정에 따라 이전되었거나 그렇게 이전된 핵물질 또는 장비에 이용되었거나 이러한 핵물질 또는 장비의 이용을 통하여 생산된 플루토늄과 우라늄 233(조사된 연료 요소 내에 포함된 것은 제외), 그리고 고농축우라늄은 당사자들이 합의하는 시설에만 저장된다.

2. 이 협정에 따라 이전된 핵물질, 감속재 물질, 장비 및 구성품, 그리고 그러한 모든 핵물질, 감속재 물질 또는 장비의 이용을 통하여 생산된 모든 특수핵분열성물질은 수령 당사자에 의하여 허가받은 인에게만 이전될 수 있으며, 그리고 당사자들이 합의하는 경우, 수령 당사자의 영역 관할권 밖으로 이전될 수 있다.

3. 이 협정에 따라 이전된 조사된 핵물질, 또는 이 협정에 따라 이전된 핵물질, 감속재 물질, 또는 장비의 이용을 통하여 생산된 조사된 핵물질은 당사자들이 합의하는 제3국으로 이전될 수 있으며, 또는 수령 당사자가 합의하고 저장 또는 처분 방안을 지정하는 경우에는 다른 쪽 당사자에게 이전될 수 있다. 당사자들 간 이전인 경우, 당사자들은 적절한 이행 약정을 체결한다.

제11조 농축, 재처리 및 그 밖의 형상 또는 내용 변경

1. 이 협정에 따라 이전된 원료물질 또는 특수핵분열성물질의 재처리 또는 그 밖의 형상 또는 내용의 변경 또는 이 협정에 따라 이전된 모든 원료물질, 특수핵분열성물질, 감속재 물질, 또는 장비에 이용되었거나 이러한 물질 또는 장비의 이용을 통하여 생산된 원료물질 또는 특수핵분열성물질의 재처리 또는 그 밖의 형상 또는 내용의 변경은, 그러한 활동이 수행될 수 있는 시설에 관한 사항을 포함하여 당사자들이 서면으로 합의하는 경우에만 이루어질 수 있다.

2. 이 협정에 따라 이전된 우라늄, 그리고 이 협정에 따라 이전된 장비에 이용되었거나 이러한 장비의 이용을 통하여 생산된 우라늄은 가. 이 협정의 제18조 제2항에 따라, 설립될 양자 고위급 위원회를 통하여 양자 간에 수행되는 협의에 따라 그리고 당사자들의 적용 가능한 조약, 국내 법령 및 인허가 요건에 합치되게 농축을 하기 위한 약정에 서면으로 합의하고, 나. 그 농축이 우라늄 235 동위원소가 오직 20퍼센트 미만인 경우에 한하여 농축될 수 있다.

3. 형상 또는 내용의 변경은 원자로 연료의 조사 또는 재조사, 또는 조사되지 아니한 원료물질이나 조사되지 아니한 저농축우라늄에 대한 변환, 재변환, 또는 성형가공은 포함하지 아니한다.

제12조 물리적 방호

1. 이 협정에 따라 이전된 핵물질 및 장비와 이 협정에 따라 이전된 핵물질, 감속재 물질 또는 장비에 이용되었거나 이러한 핵물질, 감속재 물질 또는 장비의 이용을 통하여 생산된 특수핵분열성물질에 대하여 적절한 물리적 방호가 유지된다.

2. 제1항의 요건을 충족시키기 위하여, 각 당사자는 (1) "핵물질 및 원자력 시설의 물리적 방호에 관한 핵안보 권고" 라는 제목의 IAEA 문서 INFCIRC/225/Rev.5 및 당사자들에 의하여 합의되는 그 문서의 모든 후속 개정본에서 발표된 권고와 적어도 동등한 물리적 방호 수준에 따라, 그리고 (2) 1980년 3월 3일의 〈핵물질의 물리적 방호에 관한 협약〉의 규정 및 양 당사자들에 대하여 발효하는 그 협약의 모든 개정에 따라 조치를 적용한다.

3. 당사자들은 당사자들의 영역 내에 있거나 관할 또는 통제하에 있는 핵물질의 물리적 방호 수준이 적절하게 달성되는 것을 보장할 책임이 있는 기관 또는 당국과, 이 조의 적용을 받는 핵물질의 허가받지 아니한 이용 또는 취급이 발생하는 경우, 대응 및 회수 작업을 조정할 책임이 있는 기관 또는 당국을 외교 경로를 통하여 서로에게 지속적으로 통보한다. 또한 당사자들은 국외 수송 및 그 밖의 상호 관심 사안에 관하여 협력하기 위하여 당사자들의 적절한 당국 내의 지정된 연락관을 외교 경로를 통하여 서로에게 통보한다.

4. 이 조의 규정은 양국에서의 원자력 활동에 대한 부당한 간섭을 피하고 양국 원자력 프로그램의 경제적이고 안전한 수행을 위하여 요구되는 신중한 관리 관행에 합치되는 방식으로 이행된다.

제13조 폭발 또는 군사적 적용 금지

이 협정에 따라 이전된 핵물질, 감속재 물질, 장비 및 구성품과 이 협정에 따라 이전된 핵물질, 감속재 물질, 장비 또는 구성품에 이용되었거나 이러한 핵물질, 감속재 물질, 장비 또는 구성품의 이용을 통하여 생산된 모든 핵물질, 감속재 물질, 또는 부산 물질은 핵무기 또는 어떠한 핵폭발장치, 어떠한 핵폭발장치의 연구 또는 개발이나 어떠한 군사적 목적을 위해서도 이용되지 아니한다.

제14조 안전조치

1. 이 협정에 따른 협력은 대한민국 관할하의 영역 내에서나, 장소를 불문하고 대한민국의 통제하에서 수행되는 모든 원자력 활동에 대하여 IAEA 안전조치의 적용을 요구한다. NPT 제3조 제4항에 따른 안전조치 협정의 이행은 이 요건을 충족시키는 것으로 간주된다.

2. 이 협정에 따라 대한민국에 이전된 핵물질 또는 그렇게 이전된 핵물질, 감속재 물질, 장비 또는 구성품에 이용되었거나 이러한 물질, 장비 또

는 구성품의 이용을 통하여 생산된 핵물질은 1975년 10월 31일 서명되고 1975년 11월 14일 발효된 〈대한민국 정부와 IAEA 간의 NPT에 관련된 안전조치의 적용을 위한 협정〉(이하 "대한민국-IAEA 안전조치 협정"이라 한다)과 2004년 2월 19일 발효된 해당 협정의 추가의정서에 따른 안전조치의 적용을 받는다.

3. 이 협정에 따라 미합중국에 이전된 핵물질 또는 그렇게 이전된 핵물질, 감속재 물질, 장비 또는 구성품에 이용되었거나 이러한 물질, 장비 또는 구성품의 이용을 통하여 생산된 핵물질은 1977년 11월 18일 서명되고, 1980년 12월 9일 발효된 〈미합중국과 IAEA 간의 미합중국 내에서 안전조치의 적용을 위한 협정〉(이하 "미합중국-IAEA 안전조치 협정"이라 한다)과 2009년 1월 6일 발효된 해당 협정의 추가의정서의 적용을 받는다.

4. 이 조 제2항에서 언급된 대한민국-IAEA 안전조치 협정이 적용되지 아니하고 있는 경우, 대한민국은 이 조 제2항에서 요구되는 대한민국-IAEA 안전조치 협정에 규정된 것과 동등한 실효성 및 적용 범위를 규정하는 안전조치의 적용을 위한 협정을 IAEA와 체결하거나, 그것이 가능하지 아니한 경우, 당사자들은 이 조 제2항에서 요구되는 대한민국-IAEA 안전조치 협정에 규정된 것과 동등한 실효성 및 적용 범위를 규정하는 안전조치의 적용을 위한 안전조치 약정을 즉시 체결한다.

5. 이 조 제3항에서 언급된 미합중국-IAEA 안전조치 협정이 적용되지 아니하고 있는 경우, 미합중국은 이 조 제3항에서 요구되는 미합중국-IAEA 안전조치 협정에 규정된 것과 동등한 실효성 및 적용 범위

를 규정하는 안전조치의 적용을 위한 협정을 IAEA와 체결하거나, 그것이 가능하지 아니한 경우, 당사자들은 이 조 제3항에서 요구되는 미합중국-IAEA 안전조치 협정에 규정된 것과 동등한 실효성 및 적용 범위를 규정하는 안전조치의 적용을 위한 안전조치 약정을 즉시 체결한다.

6. 각 당사자는 이 조에 따라 규정된 안전조치의 적용을 유지하고 원활히 하기 위하여 필요한 조치를 한다.

7. 각 당사자는 이 협정에 따라 이전된 핵물질과 그렇게 이전된 핵물질, 감속재 물질, 장비 또는 구성품에 이용되었거나 이러한 핵물질, 감속재 물질, 장비 또는 구성품의 이용을 통하여 생산된 핵물질의 계량 및 통제 체제를 유지한다. 이 체제를 위한 절차는 IAEA 문서 INFCIRC/153(수정본) 또는 당사자들에 의하여 합의되는 그 문서의 모든 개정본에 규정된 것과 상응하여야 한다.

8. 이 조의 규정은 양국에서의 원자력 활동에 대한 방해, 지연 또는 부당한 간섭을 피하고 양국 원자력 프로그램의 경제적이고 안전한 수행을 위하여 요구되는 신중한 관리 관행에 합치되는 방식으로 이행된다.

제15조 신의 성실 및 이익

이 협정의 규정은 원자력의 평화적 이용을 증진하기 위하여, 신의 성실하게 그리고 국내외를 불문하고 각 당사자의 합법적인 상업적 이익과 대한민국 및 미합중국에서 진행 중인 원자력 프로그램의 장기적인 필요를 정당히 존중하여 이행된다.

제16조 다중 공급국 통제

어느 한쪽 당사자와 다른 국가 또는 국가군 간의 어떠한 협정이 그러한 다른 국가 또는 국가군에 이 협정의 적용을 받는 핵물질, 감속재 물질, 장비 또는 구성품에 대하여 제10조 및 제11조에 규정된 일부 또는 모든 권리와 동등한 권리를 제공할 경우, 당사자들은 어느 한쪽 당사자의 요청 시, 그러한 모든 권리의 이행이 그러한 다른 국가 또는 국가군에 의하여 이루어질 것에 합의할 수 있다.

제17조 협력의 중지 및 반환권

1. 이 협정의 발효 후 언제든지 어느 한쪽 당사자가,
   가. 이 협정 제10조, 제11조, 제12조, 제13조 또는 제14조의 규정을 준수하지 아니하는 경우, 또는,
   나. IAEA와의 안전조치 협정을 종료 또는 폐기하거나 중대하게 위반하는 경우,

   다른 쪽 당사자는 이 협정에 따른 더 이상의 협력을 중지하거나 이 협정을 종료할 권리를 가지며, 또한 이 중 어느 경우라도 이 협정에 따라 이전된 핵물질, 감속재 물질, 장비 또는 구성품(이 조의 목적

상 총칭하여 "품목"이라 한다)과 그러한 품목의 이용을 통하여 생산된 모든 특수핵분열성물질의 반환을 요구할 권리를 가진다.

2. 이 협정의 발효 후 언제든지 미합중국이 이 협정에 따라 이전된 핵물질, 감속재 물질, 장비 또는 구성품, 또는 그러한 품목에 이용되었거나, 그러한 품목의 이용을 통하여 생산된 핵물질을 이용하여, 핵폭발장치를 폭발시키는 경우, 대한민국 정부는 이 조 제1항에 규정된 것과 동일한 권리를 가진다.

3. 이 협정의 발효 후 언제든지 대한민국이 핵폭발장치를 폭발시키는 경우, 미합중국 정부는 이 조 제1항에 규정된 것과 동일한 권리를 가진다.

4. 어느 한쪽 당사자가 이 조에 따라 어떠한 핵물질, 감속재 물질, 장비 또는 구성품의 반환을 요구하는 권리를 행사하는 경우, 그 당사자는 다른 쪽 당사자에게 그러한 품목의 공정한 시장가치로 보상한다.

5. 어느 한쪽 당사자가 이 협정에 따른 협력을 중지하거나, 이 협정을 종료하거나 또는 그러한 반환을 요구하기 위한 조치를 취하기 전에, 당사자들은 요구될 수 있는 다른 적절한 약정을 체결할 필요성을 감안하면서, 시정조치를 하기 위하여 협의하고 그러한 조치의 경제적 영향을 신중히 고려한다.

제18조 협의 및 환경 보호

1. 당사자들은 어느 한쪽 당사자의 요청에 따라 이 협정의 이행과 원자력 안전을 포함한 원자력의 평화적 이용 분야에서 추가적인 협력의 증진에 관하여 협의하기로 약속한다. 그러한 협의는 다음의 사안을 포함하나, 이에 국한되지는 아니한다.

가. 이 협정의 적용을 받는 핵물질과 그러한 물질이 위치하거나 또는 위치하게 될 시설에 대한 물리적 방호의 적절성

나. 1) 수출 및 수입 인허가, 2) 이 협정에 따른 기술 자료의 이전 및 지원을 위한 승인, 그리고 3) 당사자들의 영역 내에서의 교역, 산업적 운영 또는 핵물질 이동과 관련된, 제3자에 대한 허가 또는 동의를 위한 신청의 적시 처리를 보장하기 위한 행정 절차의 이행

다. 조사되지 아니한 저농축우라늄, 조사되지 아니한 원료물질, 장비 및 구성품의 재이전을 위하여 당사자들 간에 교환될 장기 동의 목록에 제3의 국가 또는 목적지의 추가

라. 조사된 핵물질이 이전될 수 있는 제3의 국가 또는 목적지의 추가

마. 이 협정의 이행에 대하여 국내 법령, 정책 및 인허가 요건의 변화가 미치는 영향, 그리고

바. 이 협정의 이행과 관련된 다자간 협력 현안

2. 당사자들은 민간 핵연료주기를 포함한 민간 원자력에서의 상호 이익 분야에 대한 당사자들의 전략적 협력과 대화를 원활히 하기 위하여, 대한민국 정부를 대표하여 외교부 차관과 미합중국 정부를 대표하여 에너지부 부장관(총칭하여 "위원회 의장"이라 한다)이 이끄는 양자 고위급 위원

회를 구성한다. 양자 고위급 위원회의 위원회 의장의 지시에 따라, 핵연료 공급 보장, 사용후핵연료 관리, 수출 협력, 핵 안보, 그리고 당사자들이 서면으로 상호 합의하는 평화적 원자력 협력과 관련 있는 다른 어떠한 주제에 관해서든 상호 협의하기 위하여 실무그룹이 구성된다.

3. 당사자들은 이 협정에 따른 활동과 관련하여 그러한 활동으로부터 발생하는 국제적 환경 영향을 식별하기 위하여 협의하며, 이 협정에 따른 평화적 원자력 활동으로부터 발생하는 방사성, 화학적 또는 열적 오염으로부터의 국제 환경 보호, 그리고 건강 및 안전에 관련된 사안에 있어 협력한다.

제19조 행정약정

1. 당사자들의 적절한 당국은 이 협정 규정의 효과적인 이행을 가능하게 하기 위하여 행정약정을 체결한다. 이 항에 따라 체결된 약정은 당사자들의 적절한 당국에 의하여 서면으로 변경될 수 있다.

2. 대체성, 비례성 및 동등성의 원칙은 이 협정의 적용을 받는 핵물질에 적용된다. 이러한 원칙을 적용하기 위한 세부 규정은 행정약정에 규정된다.

3. 당사자들은 현재 각 당사자에 의하여 지명된 대표로 구성된 공동상설위원회를 통하여 정부 대 정부 활동을 조정하고 원활히 하는 현재의 관행을 지속하고자 한다. 공동상설위원회는 제18조 제2항에 따라 설립될

양자 고위급 위원회에 보고한다. 공동상설위원회 회의는 대한민국과 미합중국에서 교대로 개최되어야 할 것이다.

제20조 분쟁 해결

이 협정의 해석, 이행, 또는 적용과 관련하여 의문이 제기되는 경우, 당사자들은 어느 한쪽 당사자의 요청에 따라 상호 협의한다. 이 협정의 해석, 이행, 또는 적용에 관한 당사자들 간의 모든 분쟁은 해당 분쟁을 해결할 목적으로 당사자들에 의하여 즉시 교섭되며, 외교 경로나 당사자들에 의하여 합의되는 그 밖의 모든 평화적인 분쟁 해결 수단을 통하여 다루어질 수 있다.

제21조 발효, 유효 기간 및 개정

1. 이 협정은 당사자들이 협정 발효에 필요한 모든 적용 가능한 국내 요건을 완료했음을 상호 통보하는 외교 각서의 교환 중 마지막 각서의 날짜에 발효한다.

2. 이 협정은 20년간 유효하며, 어느 한쪽 당사자가 다른 쪽 당사자에게 이 협정 발효 20년째 되는 해로부터 늦어도 2년 전에 이 협정 연장을 원치 아니함을 서면 통보하여 이 협정이 발효 후 20년째에 종료하는 경우가 아닌 한, 그 후에 추가적으로 5년간 연장된다. 어느 한쪽 당사자는 다

른 쪽 당사자에게 적어도 1년 전에 서면 통보함으로써 언제든지 이 협정을 종료시킬 수 있다. 이 협정 발효 17년 후 가능한 한 빠른 시기에, 당사자들은 각국의 목표 달성에 있어서 이 협정의 효과성에 관하여 협의하고 이 협정의 기간 연장을 추구할 것인지 여부에 관하여 결정한다.

3. 이 협정은 당사자들의 서면 합의에 의하여 언제든지 개정될 수 있다. 어느 한쪽 당사자의 요청에 따라, 당사자들은 이 협정을 개정할 것인지 또는 새로운 협정으로 대체할 것인지에 관하여 서로 협의한다. 그러한 모든 개정은 이 조 제1항에서 규정된 절차에 따라 발효한다.

4. 1972년 협정은 이 협정이 발효하는 날 종료된다.

5. 1972년 협정의 적용을 받는 핵물질, 감속재 물질, 장비 및 구성품은 이 협정의 발효 후 이 협정의 적용을 받으며 이 협정에 따라 이전된 것으로 간주된다. 이상에도 불구하고, 이 협정 발효 전에, 1972년 협정이나 대치된 협정(1972년 협정상 "대치된 협정"의 정의와 같다)에 따라 대한민국 정부나 그 관할 하에 있는 허가받은 인에게 이전된 장비 또는 장치(1972년 협정상 "장비 또는 장치"의 정의와 같다)의 이용을 통하여 생산되었으나, 1972년 협정이나 대치된 협정에 따라 대한민국 정부나 그 관할 하에 있는 허가받은 인에게 이전된 핵물질의 이용을 통하여 생산된 것은 아닌 특수핵분열성물질은 오직 이 협정 제12조, 제13조 및 제14조의 적용만 받는다.

6. 이 협정의 종료나 만료, 또는 이유를 불문하고 이 협정에 따른 협력의

어떠한 중지에도 불구하고, 제10조, 제11조, 제12조, 제13조, 제14조와 제17조 및 이 협정에 부속된 합의의사록은 이 조항들의 적용을 받는 어떠한 핵물질, 감속재 물질, 부산 물질, 장비 또는 구성품(이 항의 목적상 총칭하여 "품목"이라 한다)이 관련 당사자의 영역 내에 남아 있거나 장소를 불문하고 그 당사자의 관할권 또는 통제하에 있는 한, 또는 핵물질 또는 감속재 물질의 경우, 그러한 품목이 국제 안전조치의 관점에서 유의미한 어떠한 원자력 활동에도 더 이상 이용될 수 없게 되었거나 실질적으로 회수될 수 없게 되었거나, 또는 장비, 구성품, 또는 부산 물질의 경우, 그러한 품목이 원자력 목적으로 더 이상 이용할 수 없게 되었다고 당사자들이 합의하는 시점까지 계속 유효하다.

이상의 증거로, 아래 서명자는 그들 각자의 정부로부터 정당히 권한을 위임 받아 이 협정에 서명하였다.

2015년 6월 15일 워싱턴에서 동등하게 정본인 한국어와 영어로 각 2부씩 작성하였다.

대한민국 정부를 대표하여 **미합중국 정부를 대표하여**

합의의사록

오늘 서명된 <대한민국 정부와 미합중국 정부 간의 원자력의 평화적 이용에 관한 협력 협정>(이하 “협정”이라 한다)의 협상 중, 다음의 양해가 협정의 불가분의 일부로서 이루어졌다.

1. 협정의 적용 범위

협정 제1조 하호의 “기밀자료”의 정의와 관련하여, 당사자들은 일반적인 민간 원자로에서 에너지를 생산하는 데 있어 특수핵분열성물질을 이용하는 것에 관한 모든 정보는 기밀이 해제되었거나 “기밀자료”의 범주에서 제외된 것으로 양해한다.

협정 제10조 및 제11조에서 명시된 권리를 이행하기 위한 목적상, 협정에 따라 이전된 핵물질의 이용을 통하여 생산되었으나, 협정에 따라 이전된 장비에 이용되었거나 이러한 장비의 이용을 통하여 생산된 것은 아닌 특수핵분열성물질에 대하여, 실제로 그러한 권리는 특수핵분열성물질의 생산에 이용된 이전된 물질이 그렇게 이용된 물질의 전체 양에서 차지하는 비율에 해당하는 만큼 그 생산된 특수핵분열성물질에 적용되며, 이러한 특수핵분열성물질로부터 생산되는 특수핵분열성물질에도 유사하게 적용된다.

협정 제21조 제5항의 목적상, 당사자들은 1972년 협정의 적용을 받는 모든 핵물질, 감속재 물질, 장비 및 구성품을 포함하는 초기 재고목록을 상호 합의를 통하여 확정한다. 당사자들은 재고목록을 매년 갱신하고 교환한다.

협정 제10조 및 제11조의 규정과 관련하여, 협정의 해당 규정이 두 국가에서의 원자력 활동에 대한 방해, 지연 또는 부당한 간섭을 피하고 양국 원자력 프로그램의 경제적이고 안전한 수행을 위하여 요구되는 신중한 관리 관행에 합치되는 방식으로 이행된다는 것을 확인한다. 또한 협정의 규정은 어느 한쪽 당사자 또는 그 당사자의 허가받은 인의 상업적 또는 산업적 우위를 추구하거나 상업적 또는 산업적 이익을 방해하기 위한 목적으로, 또는 원자력의 평화적 이용의 증진을 저해하기 위한 목적으로 활용되지 아니한다는 것을 확인한다.

2. 안전조치

협정 제14조 제2항 또는 제3항에서 언급된 대한민국-IAEA 안전조치 협정 또는 미합중국-IAEA 안전조치 협정이 적용되지 아니하는 경우, 어느 한쪽 당사자는 아래 열거된 권리를 가지며, 그 권리는 협정 제14조 제4항 또는 제5항에 따른 약정하의 IAEA 안전조치를 적용함으로써 그러한 권리 행사의 필요성이 충족된다고 양 당사자들이 합의하는 경우 중지된다.

1. 협정에 따라 이전된 모든 장비의 설계, 또는 그렇게 이전된 모든 핵물질이나 그러한 핵물질 또는 장비에 이용되었거나 이러한 핵물질 또는 장비의 이용을 통하여 생산된 모든 특수핵분열성물질을 이용, 제조, 처리 또는 저장하기 위한 모든 시설의 설계를 적시에 검토할 권리,

2. 협정에 따라 이전된 핵물질과 그렇게 이전된 모든 핵물질, 감속재 물질, 장비 또는 구성품에 이용되었거나 이러한 핵물질, 감속재 물질, 장비 또는 구성품의 이용을 통하여 생산된 모든 핵물질에 대한 계량 가능성을 확보하는 것을 지원할 목적으로 기록 및 관련 보고서의 유지 및 생산을 요구할 권리, 그리고

3. 이 절 제2항에서 언급된 핵물질의 계량, 이 절 제1항에서 언급된 모든 장비 또는 시설의 사찰, 그리고 그러한 핵물질의 계량에 필요하다고 간주될 수 있는 모든 장치의 설치와 독립적인 측정에 필요한 모든 장소 및 자료에 접근권을 갖는, 다른 쪽 당사자가 수락할 수 있는 인력을 지정할 권리. 안전조치를 받는 당사자는 이 항에 따라 안전조치를 하는 당사자에

의하여 지정된 인력의 수락을 부당하게 보류하지 아니한다. 어느 한쪽 당사자의 요청이 있을 경우, 그러한 인력은 다른 쪽 당사자에 의하여 지정된 인력과 동행한다. 지정된 인력은 협정 제14조 제8항에 부합하는 방식으로 활동을 수행한다.

3. 재이전

1. 가. 당사자들은 협정 제10조 제2항의 적용을 받는 조사되지 아니한 저농축우라늄, 조사되지 아니한 원료물질, 장비 및 구성품을 이 절의 규정에 따라 확인된 제3의 국가 또는 목적지로 이 절 제3항을 조건으로 재이전하는 것에 합의한다. 협정 발효 시 당사자들은 협정 제10조 제2항의 적용을 받는 조사되지 아니한 저농축우라늄, 조사되지 아니한 원료물질, 장비 및 구성품이 다른 쪽 당사자에 의하여 재이전될 수 있는 제3의 국가 또는 목적지의 목록을 교환한다.
어느 한쪽 당사자는 그 밖의 제3의 국가 또는 목적지를 그 당사자가 제공한 목록에 추가할 수 있으며, 또는 다른 쪽 당사자와 삭제의 제안에 대하여 협의한 후 다른 쪽 당사자에 대한 서면 통보로 제3의 국가 또는 목적지를 그 목록에서 임시적 또는 영구적으로 삭제할 수 있다. 어느 당사자도 상업적 우위를 확보하기 위한 목적으로 자신의 목록에서 제3의 국가 또는 목적지를 삭제하지 아니한다. 이 목록에 포함되지 아니한 제3의 국가 또는 목적지로의 재이전은 각 사례별로 고려될 수 있다.
나. 한쪽 당사자가 비이전 당사자와 민간 원자력 협력 협정을 체결하지

아니한 제3의 국가 또는 목적지로의 재이전에 대한 다른 쪽 당사자의 동의를 구해야 하는 상황을 다른 쪽 당사자에게 알리는 경우, 비이전 당사자는 자국의 정책과 법령에 따라 실현 가능한 정도까지, 그러한 제3의 국가 또는 목적지로 이전하는 당사자 또는 그 허가받은 인에 의한 재이전을 원활히 하기 위하여, 구술서의 교환 또는 다른 적절한 외교적 약정을 통하여 필요한 보증을 획득하기 위한 합리적인 노력을 한다. 이 규정은 유럽원자력공동체(유라톰) 회원국에는 적용되지 아니한다.

2. 당사자들은 협정 제10조 및 제11조의 적용을 받는 조사된 핵물질이 어느 한쪽 당사자에 의하여 프랑스, 영국, 그리고 당사자들이 서면으로 합의하는 그 밖의 모든 국가 또는 목적지로 저장 및 재처리를 위하여 이전(이하 그러한 이전은 "재이전"이라 한다)될 수 있다는 것에 합의한다. 이 항에 기술된 그러한 모든 재이전은 수령하는 국가, 적용 가능한 경우 국가군, 또는 목적지의 정책과 법령에 맞게 이루어진다.

3. 이 절 제1항 및 제2항에 규정된 동의는 다음 조건에 따른다.

가. 당사자는, 비이전 당사자가, 수령 국가 또는 목적지로부터, 또는 제안된 재이전 장소가 유라톰 또는 그 밖의 국가군의 회원인 국가인 경우에는 적용 가능한대로 유라톰 또는 그 밖의 국가군으로부터, 다음과 같은 확인을 받을 때까지, 이 절에 따른 제3의 국가 또는 목적지로의 제안된 재이전을 진행하지 아니한다. 이는 재이전될 원료물질, 특수핵분열성물질 또는 장비가, 비이전 당사자(또는 그 당사자를 대표하는 조직)가 협정 당사자이며 비이전 당사자로부터 수령

국가 또는 목적지 또는 유라톰이나 그 밖의 국가군으로의 원자력 수출을 허용하는 평화적 원자력 협력 협정의 조건에 따라 적절히, 유라톰 또는 그 밖의 국가군(그 재이전이 유라톰 회원국 또는 그 밖의 국가군의 회원국으로 이루어지는 경우) 또는 수령 국가 또는 목적지 안에 보유될 것이라는 확인을 말한다. 수령 국가 또는 목적지, 또는 유라톰이나 그 밖의 국가군의 회원국으로 제안된 재이전의 경우에는 유라톰이나 그 밖의 국가군과 비이전 당사자 간 구성품을 이전할 수 있는 유효한 평화적 원자력 협력 협정이 없는 경우, 이전하는 당사자는 비이전 당사자가 수령 국가, 목적지, 또는 유라톰이나 그러한 그 밖의 국가군으로부터 다음과 같은 보장을 받을 때까지 구성품의 이전을 진행하지 아니한다. 즉, 이는 NPT 제3조 제2항에 의하여 요구되는 IAEA 안전조치가 그러한 구성품에 대하여 적용되며(NPT상 핵무기 비보유국 대상), 그 구성품이 어떠한 핵폭발장치를 위하여 또는 어떠한 핵폭발장치의 연구 또는 개발을 위해서도 이용되지 아니하고, 비이전 당사자의 사전 동의 없이는 그 구성품의 어떠한 재이전도 발생하지 아니한다는 보장이다. 이 절에 따른 재이전에 적용 가능한 통보 규정은 협정 제19조에 기술된 행정약정에 규정된다.

나. 이전하는 당사자는 제3의 국가 또는 목적지로의 그러한 모든 이전에 관한 기록을 유지하고, 선적 시 비이전 당사자에게 그러한 각각의 이전을 통보한다. 당사자들은 재이전된 모든 품목이 수령 국가, 유라톰이나 그 밖의 국가군 또는 목적지와 비이전 당사자 간에 유효한 모든 협력 협정의 적용을 받을 것이라는 포괄적인 방식의 확인을 그 목록에 있는 제3의 국가 또는 목적지로부터, 또는 목록에

있는 국가가 유라톰이나 그 밖의 국가군의 회원국인 경우에는 유라톰이나 그러한 그 밖의 국가군으로부터 가능한 한 조속히 획득하기 위한 노력을 함에 있어 협력한다.

4. 이 절 제2항에 따라 어느 한쪽 당사자에 의하여 이전된 협정의 적용을 받는 조사된 핵물질의 경우, 비이전 당사자는 적용 가능한 협력 협정에 따라, 이전하는 당사자의 영역 관할권으로, 그렇게 이전된 조사된 핵물질로부터 회수된 핵물질을 반환하는 것에 대한 동의를 다음의 조건에 따라 부여하기로 합의한다.

가. 이전하는 당사자의 영역 관할권으로 반환되는 그러한 모든 핵물질이 협정의 적용을 받는다.

나. 제3의 국가 또는 목적지에서의 재처리로부터 회수된 그러한 모든 핵물질은 당사자들이 서면으로 합의하는 형태로 그리고 물리적 방호 약정에 따라 이전된다.

5. 이 절 제1항, 제2항 및 제4항에 규정된 재이전에 대한 동의는, 어느 한쪽 당사자가 이 절 제3항 및 제4항의 하나 이상의 조건이 충족되지 아니한다고 결정하거나, 비확산 또는 안보의 관점에서 예외적인 우려 상황에 의하여 필요하다고 결정할 경우, 그 당사자에 의하여 전적으로 또는 부분적으로 중지되거나 철회될 수 있다. 시간 및 상황이 허용하는 정도까지, 당사자들은 그러한 중지 또는 철회에 앞서 협의한다. 그러한 예외적인 상황은 확산 위험의 상당한 증가 없이 또는 어느 한쪽 당사자의 국가안보를 위태롭게 하지 아니하고는 그 동의가 지속될 수 없다는 그 당사자의 결정을 포함하나, 이에 국한되지는 아니한다.

6. 예외적인 상황의 객관적인 증거가 존재할 수 있다는 것을 고려하는 당사자는 어떠한 결정에 도달하기 전에 다른 쪽 당사자와 협의한다. 그러한 객관적인 증거가 존재하고, 따라서 이 절 제1항, 제2항 및 제4항에 언급된 활동이 중지되어야 한다는 모든 결정은 다른 쪽 당사자가 서면으로 통보받은 후에 정부의 최고위급에서만 이루어진다. 모든 중지는 당사자들이 수용 가능한 방식으로 예외적인 상황을 다루기 위하여 필요한 최소한의 기간 동안만 적용된다. 이 절 제1항, 제2항 및 제4항에 의하여 부여된 동의를 중지하는 권리를 원용하는 당사자는 그 결정을 촉발시켰던 상황의 전개를 지속적으로 검토하며, 철회가 정당화되는 대로 그러한 중지를 철회한다.

4. 추가적 정보 교환

1. 협정의 발효 후 협정에 따라 이전된 감속재 물질의 이용을 통하여 생산된 삼중수소와 관련하여, 당사자들은 다른 국가 또는 목적지로의 이전을 포함하여 협정 제13조에 합치되는 평화적 목적을 위한 삼중수소의 처결에 관한 정보를 매년 교환한다. 교환된 정보는 행정약정의 관련 규정에 합치되어야 한다.

2. 당사자들은 협정 제14조 제7항에 따라, 협정의 적용을 받는 핵물질의 계량 및 통제 체제를 유지할 책임을 각각 갖는다. 이와 관련하여, 그러한 체제를 위한 정확한 재고 정보의 중요성을 감안하여, 어느 한쪽 당사자의 요청 시, 다른 쪽 당사자는 어느 한쪽 당사자가 협정의 적용을 받는 것으

로 확인한 핵물질에 관련되는 모든 거래의 현황 정보를 요청 당사자에게 보고한다.

3. 협정에 따른 각 당사자와 제3국의 원자력 교역 관계에 있어서 다른 쪽 당사자가 그러한 제3국과 원자력 협력 협정을 체결하였는지 여부의 중요성을 감안하여, 각 당사자는 다른 정부와 완료한 새로운 원자력 협력 협정을 적시에 다른 쪽 당사자에게 지속적으로 통보하기 위하여 노력한다.

5. 형상 또는 내용의 변경

1. 협정 제11조 제1항에 따라, 당사자들은 협정의 적용을 받는 조사된 핵물질의 조사후시험과 협정의 적용을 받는 조사된 저농축우라늄으로부터의 방사성동위원소 분리가 이 합의의사록 부속서 1의 제1절에 열거된 대한민국 및 미합중국의 시설에서 수행될 수 있다는 것에 합의한다.

2. 협정 제11조 제1항에 따라, 당사자들은 협정의 적용을 받는 조사된 핵물질에 대한, 초우라늄원소 또는 그 밖의 특수핵분열성물질이 분리될 수 없는 형상 또는 내용의 변경을 수반하는 물질의 수집 및 처리가 이 합의의사록 부속서 1의 제2절에 열거된 대한민국 및 미합중국의 시설에서 수행될 수 있다는 것에 합의한다.

3. 이 절 제1항에 언급된 활동을 위한 시설은, 한쪽 당사자가 다른 쪽 당사자에게 추가될 시설을 서면으로 통지하고 다른 쪽 당사자가 그러한 통지

에 대하여 서면 확인을 제공할 경우, 당사자들의 법령에 따라 이 합의의사록 부속서 1의 제1절의 목록에 추가될 수 있다.

가. 협정 제14조에 언급된 적용 가능한 안전조치 협정상 안전조치가 요구되는 시설을 이 합의의사록 부속서 1의 제1절에 추가하는 제안에 앞서, 당사자들은 IAEA와 합의한 핵심 요소를 포함하는 것으로서 적절한 IAEA 안전조치 약정이 적용 가능한대로 그 시설에 대하여 발효되었다는 것을 보장하기 위하여 협의한다.

나. 이 합의의사록 부속서 1의 제1절에 추가되기로 제안된 각 시설에 관하여, 이 항 가호에 언급된 협의의 종결 시, 제안 당사자는 다른 쪽 당사자에게 다음을 포함하는 서면 통지를 제공한다.

1) 시설의 소유자 또는 운영자의 이름, 시설명 및 현재의 또는 계획된 용량,

2) 시설의 위치, 취급 핵물질의 종류, 그러한 핵물질이 시설에 반입될 대략적인 일자 및 시설에서 수행될 활동의 종류, 그리고

3) 협정 제12조에 따라 요구되는 물리적 방호조치가 유지될 것이라는 서술

그러한 통지에 대한 수령 당사자의 확인은 그러한 통지가 수령되었다는 서술로 한정된다. 그러한 확인은 통지를 접수한 후 30일 이내에 한다.

4. 당사자들은 이 절 제1항에 언급된 것으로서, 이 합의의사록 부속서 1의 제1절에 열거된 시설에서 수행된 모든 조사후시험 및 방사성동위원소 분리 활동과 관련하여 서로에게 연례보고서를 제공한다.

5. 이 절 제2항에 언급된 활동을 위한 시설은 당사자들의 서면 합의로, 당사자들의 법령과 다음 내용에 따라, 이 합의의사록 부속서 1의 제2절의 목록에 추가될 수 있다.

가. 협정 제14조에 언급된 적용 가능한 안전조치 협정상 안전조치가 요구되는 시설을 이 합의의사록 부속서 1의 제2절에 추가하는 제안에 앞서, 당사자들은 당사자들과 IAEA가 모두 수락할 수 있는, 그 시설에 대하여 발효될 안전조치 약정상의, 안전조치 접근법과 이를 구현하는 핵심 요소들을 개발하기 위하여 IAEA와 함께 협의한다. 당사자들은 그러한 추가를 하고자 하는 당사자의 요청 후 6개월 이내에 상호 간 및 IAEA와 협의를 개시하며, 이 합의의사록 부속서 1의 제2절에 그러한 시설을 추가할 수 있도록 하는 이 제5항에 언급된 서면 합의를 협의 개시로부터 12개월 이내에 완료할 것을 목적으로 한다.

나. 이 항에 언급된 서면 합의는, 이 합의의사록 부속서 1의 제2절에 그 제안된 시설을 추가하기 위한 조건으로서, 이 항 가호에 언급된 협의를 통하여 도출된 안전조치 접근법과 핵심 요소를 담고 있는 제안된 시설에 관한 IAEA와의 안전조치 약정의 발효를 포함하며, 당사자들의 서면 합의에 의하여 그 핵심 요소를 변경할 수 있도록 한다.

다. 협정 제14조에 언급된 적용 가능한 안전조치 협정상 안전조치가 요구되지 아니하는 시설이 제안되는 경우, 당사자들은 이 합의의사록 부속서 1의 제2절에 그러한 시설을 추가할 수 있도록 하는 이 항에 언급된 서면 합의에 관한 협의를, 그러한 시설을 추가하고자 하는 당사자의 요청이 있은 후 6개월 이내에 개시하며, 협의 개시 후 12

개월 이내에 그러한 합의를 완료하기 위하여 노력한다.

라. 이 합의의사록 부속서 1의 제2절에 추가되기로 제안된 시설에 관하여 이 항에 언급된 서면 합의가 완료된 후, 그리고 제안된 시설에 대하여 적용 가능한 IAEA와의 안전조치 약정(이른바 시설 부록)이 발효되고 나서, 제안 당사자는 다른 쪽 당사자에게 다음을 포함하는 서면 통지를 제공한다.

1) 시설의 소유자 또는 운영자의 이름, 시설명 및 현재의 또는 계획된 용량

2) 시설의 위치, 취급 핵물질의 종류, 그러한 핵물질이 시설에 반입될 대략적인 일자 및 시설에서 수행될 활동의 종류

3) 위에 규정된 바에 따라 안전조치가 요구되는 경우, 이 항 가호에 언급된 안전조치 접근법과 핵심 요소를 담고 있고, 그 핵심 요소에 대하여 통지 이전에 당사자들에 의하여 서면으로 합의된 모든 변경을 포함하는, IAEA와의 안전조치 약정이 그 제안된 시설에 대하여 발효되었다는 서술과, 그 안전조치 약정에 담겨 있는 핵심 요소에 대한 기술, 그리고

4) 협정 제12조에 따라 요구되는 물리적 방호조치가 유지될 것이라는 서술

마. 수령 당사자는 제안 당사자에게 제안 당사자의 통지에 대한 서면 확인을 제공하며, 그 서면 확인은 그러한 통지가 수령되었다는 서술로 한정된다. 그러한 확인은 통지를 수령한 후 30일 이내에 한다.

6. 당사자들은 이 합의의사록 부속서 1의 제2절에 열거된 시설에서 수행된 협정의 적용을 받는 조사된 핵물질의 형상 또는 내용의 변경을 수반

하는 모든 물질의 수집 및 처리 활동과 관련하여 서로에게 연례보고서를 제공한다.

6. 사용후핵연료 관리 및 처결을 위한 약정

1. 당사자들은 사용후핵연료 관리 및 처결 기술의 기술적, 경제적 및 비확산(안전조치 포함) 측면을 검토하기 위한 공동연구(연료주기공동연구)를 시작하였다. 연료주기공동연구 완료 후, 또는 당사자들이 합의하는 다른 시점에, 당사자들은 협정의 적용을 받는 사용후핵연료의 관리 및 처결과 관련 기술의 추가적인 개발 또는 실증을 위한 적절한 방안을 식별할 목적으로 협의한다. 당사자들은 어느 한쪽 당사자의 원자력 프로그램이 협의의 지연으로 인하여 부당하게 방해받지 아니하도록 가능한 한 신속하게 이 절에 언급된 모든 협의를 수행한다.

2. 이러한 협의는 협정 제18조에 따라 설립될 양자 고위급 위원회의 주관하에 수행되며, 그러한 방안에 관련된 기술("기술")의 구체적인 특징을 포함한 모든 관련 고려사항, 특히 그러한 기술의 사용이 확산 위험의 상당한 증가를 초래하지 아니할 것을 보장하기 위하여 필요한 고려사항을 참작한다. 이러한 고려사항은 다음을 포함한다.

가. 연료주기공동연구에서 평가된, 기술의 기술적 타당성

나. 연료주기공동연구에서 평가된, 기술의 경제적 실행가능성, 그리고

다. 연료주기공동연구에서 평가된, 기술의 다음과 같은 비확산 수용성

1) 연료주기공동연구에서 평가된, 기술에 대하여 효과적으로 안전

조치를 적용할 수 있는 능력

2) 기술을 구현하는 시설을 통하여 회수된 핵물질의 전용에 대한 적시 탐지 및 조기 경고를 보장할 수 있는 능력, 그리고

3) 연료주기공동연구에서 평가된, 핵확산을 억지 또는 저해하는 기술의 능력

3. 이러한 협의를 통하여, 협정의 적용을 받는 핵물질의 재처리나 그 밖의 형상 또는 내용의 변경을 수반하는, 사용후핵연료의 관리 및 처결 방안을 다음과 같이 당사자들이 서면으로 합의하여 식별하는 경우,

가. 기술적으로 타당함. 이는 연료주기공동연구에서, 공학 규모의 실증을 통하여, 당사자들의 각 규제기관으로부터 인허가를 받을 수 있는 산출물 및 폐기물의 흐름을 초래하는 수준을 목표로 하는 매우 높은 수준으로 조사후핵물질로부터 악티나이드군이 회수된다는 것과, 조사 시험을 통하여 악티나이드군 연료의 성능과 건전성을 검증하는 것으로써 실증될 수 있다.

나. 경제적으로 실행 가능함. 이는 관련 당사자의 법령 및 정책의 맥락에서 그 방안의 사회적, 환경적 비용과 편익을 참작하여, 연료주기공동연구에서 평가된 그 방안의 전체 수명주기 예상비용에 대한 고려를 포함한다.

다. 안전조치가 효과적으로 적용 가능함. 이는 협정 제14조에 언급된 적용 가능한 안전조치 협정에 의하여 안전조치가 요구되는 정도까지, 연료주기공동연구 또는 다른 곳에서 적절히, 당사자 간의 양자 협업 또는 (당사자들과 IAEA 간의) 삼자 협업을 통하여 공동으로 개발된, 상호 합의한 시설에 관한 안전조치 접근법의 이용 가능성

에 의하여 실증될 수 있다.

라. 확산 위험을 상당히 증가시키지 아니하며 전용에 대한 적시 탐지와 조기 경고를 보장함. 이는 특히 (1) 시설의 설계 및 운영의 관점에서 핵확산을 억지하거나 방해하는 특징과, (2) 적시 탐지 및 조기 경고를 위하여 연료주기공동연구에서 양자 또는 삼자 협업을 통하여 공동으로 개발된, 상호 수용 가능한 안전조치 또는 그 밖의 조치(확대된 격납 감시조치와, 시설의 운영에 관한 정보 공유에 기반한 공정 감시 등)의 이용 가능성에 기반한다. 그리고

마. 협정의 적용을 받는 사용후핵연료로부터 회수된 악티나이드군을 변환 용도로 활용하기 위한, 특히 고속로의 연료로 활용하기 위한 계획에 근거하여, 합리적으로 필요한 양을 초과하는 악티나이드군의 재고 축적을 회피함.

그러하다면 당사자들은 각 당사자의 국내 법령에 따라, 당사자 각국에서의 원자력의 평화적 이용을 더욱 원활히 하는 방식으로, 장기적이고 예측 가능하며 신뢰할 수 있는 기초 위에, 식별된 방안과 관련하여 협정 제11조 제1항의 규정 이행을 위한 서면 약정("약정")을 체결하도록 추구한다. 그 약정은 협정의 적용을 받는 조사된 핵물질의 재처리나 그 밖의 형상 또는 내용의 변경을 협정이 유효한 기간 동안 수행할 수 있는 시설의 초기 목록을 포함하며, 그러한 시설은 이 절 제4항의 적용 가능한 절차에 따라 이 합의의사록 부속서 2의 제1절(연구·개발 시설의 경우) 또는 제2절(실증 또는 생산 시설의 경우)에 추가된다. 추가적인 시설들은 후일 이 절 제4항의 절차에 따라 약정과 이 합의의사록 부속서 2의 제1절 또는 제2절에 적절하게 추가될 수 있다. 당사자들은 이 규정에 따라, 이 절 제1항에 언급된 협의의 종료로부터 12개월 이내에 약정의 체결을 완료하도록

추진한다.

4. 협정의 적용을 받는 조사된 핵물질의 형상 또는 내용의 변경을 협정이 유효한 기간 동안 수행할 수 있는 시설들은, 당사자들의 법령과 다음 내용에 따라, 당사자들의 서면 합의로, 처음부터 약정에 포함되거나, 약정의 체결 이후에는 그 약정에 추가될 수 있고, 이 합의의사록 부속서 2의 제1절 또는 제2절에 적절하게 추가될 수 있다.

가. 협정 제14조에 언급된 적용 가능한 안전조치 협정상 안전조치가 요구되는 시설을 약정 및 이 합의의사록 부속서 2의 제1절 또는 제2절에 포함 또는 추가하는 제안에 앞서, 당사자들은 이 절 제3항 다호에 따라 식별된 안전조치 접근법 중 어느 것이 그 제안된 시설에 적용될 것인지 확정하기 위하여, 그리고 그 시설에 대하여 발효될 안전조치 약정상의 핵심 요소로서, 당사자들과 IAEA가 모두 수락할 수 있고, 앞서 정해진 안전조치 접근법의 이행을 위한 핵심 요소를 개발하기 위하여 IAEA와 함께 협의한다. 당사자들은 그러한 포함 또는 추가를 하고자 하는 당사자의 요청 후 6개월 이내에 상호간 및 IAEA와 협의를 개시하며, 약정에 그러한 시설을 포함하거나 추가하고 이 합의의사록 부속서 2의 제1절 또는 제2절에 그러한 시설을 추가할 수 있도록 하는 이 항에 언급된 서면 합의를 협의 개시로부터 12개월 이내에 완료할 것을 목적으로 한다.

나. 이 항에 언급된 서면 합의는, 적용 가능한 경우, 약정과 이 합의의사록 부속서 2의 제1절 또는 제2절에 그 제안된 시설을 추가하기 위한 조건으로서, 이 항 가호에 언급된 협의를 통하여 도출된 안전조치 접근법과 핵심 요소를 담고 있는, 제안된 시설에 관한 IAEA와의

안전조치 약정의 발효를 포함하며, 당사자들의 서면 합의에 의하여 그 핵심 요소를 변경할 수 있도록 한다.

다. 협정 제14조에 언급된 적용 가능한 안전조치 협정상 안전조치가 요구되지 아니하는 시설이 제안되는 경우, 당사자들은 그러한 시설을 약정에 포함 또는 추가하고 이 합의의사록 부속서 2의 제1절 또는 제2절에 추가할 수 있도록 하는 이 절의 이 항에 언급된 서면 합의에 관한 협의를, 그러한 시설을 포함 또는 추가하고자 하는 당사자의 요청 후 6개월 이내에 개시하며, 협의 개시 후 12개월 이내에 그러한 합의를 완료하기 위하여 노력한다.

라. 약정 및 이 합의의사록 부속서 2의 제1절 또는 제2절에 추가되기로 제안된 시설에 대하여 이 항에 언급된 서면 합의가 완료된 후, 그리고 그 제안된 시설에 관하여 적용 가능한 IAEA와의 안전조치 약정(이른바 시설 부록)이 발효되고 나서, 제안 당사자는 다른 쪽 당사자에게 다음을 포함하는 서면 통지를 제공한다.

1) 시설의 소유자 또는 운영자의 이름, 시설명 및 현재의 또는 계획된 용량,

2) 시설의 위치, 취급 핵물질의 종류, 그러한 핵물질이 시설에 반입될 대략적인 일자 및 시설에서 수행될 활동의 종류,

3) 위에 규정된 바에 따라 안전조치가 요구되는 경우, 이 항 가호에 언급된 안전조치 접근법과 핵심 요소를 담고 있고, 그 핵심 요소에 대하여 통지 이전에 당사자들에 의하여 서면으로 합의된 모든 변경을 포함하는, IAEA와의 안전조치 약정이 그 제안된 시설에 대하여 발효되었다는 서술과, 그 안전조치 약정에 담겨 있는 핵심 요소에 대한 기술, 그리고

4) 협정 제12조에 따라 요구되는 물리적 방호조치가 유지될 것이라는 서술

마. 수령 당사자는 제안 당사자에게 제안 당사자의 통지에 대한 서면 확인을 제공하며, 그 서면 확인은 그러한 통지가 수령되었다는 서술로 한정된다. 그러한 확인은 통지를 수령한 후 30일 이내에 한다.

5. 당사자들은 협정 제19조 제1항의 요건에 따라 체결된 행정약정의 이행의 맥락에서, 이 합의의사록 부속서 2의 제1절에 열거된 시설에서 수행된 모든 연구·개발 활동과 이 합의의사록 부속서 2의 제2절에 열거된 시설에서 수행된 모든 실증 또는 생산 활동과 관련하여 서로에게 연례보고서를 제공한다.

6. 어느 한쪽 당사자는 협정 제17조에 규정된 행위의 결과로서 야기된 것을 포함하여, 예외적인 사례에 의하여 야기된 핵확산 위험 또는 그 당사자의 국가안보에 대한 위협의 상당한 증가를 방지하기 위하여, 이 합의의사록 부속서 2의 제1절 또는 제2절에 열거된 시설에 관하여 협정 제11조 제1항에 따라 그 당사자가 부여한 모든 합의와 이 절에 따라 체결된 약정을 전적으로 또는 부분적으로 중지할 수 있다. 당사자들은 그러한 중지에 앞서 대한민국의 장관급과 미합중국의 각료급에서 협의한다. 그러한 중지를 위한 모든 결정은 그러한 결정을 하는 당사자 정부의 최고위급에서만 이루어지며, 다른 쪽 당사자에게 서면으로 통보된다. 모든 중지는 그 예외적인 사례를 다루기 위하여 필요한 최소한의 기간 동안만 적용된다. 중지하는 당사자는 그 결정을 촉발시킨 상황의 전개를 계속해서 검토하며 철회가 정당화되는 대로 그러한 중지를 철회한다. 그러한 모든 중지의

경우, 그러한 약정 또는 이 합의의사록 부속서 2에서 규정된 시설에 관하여 협정 제11조에 따라 부여된 모든 장기 동의는 유사하게 중지된다.

7. 농축

1. 당사자들은 협정의 적용을 받는 우라늄의 농축을 위한 적절한 방안을 식별할 목적으로 양자 고위급 위원회에서 협의할 수 있다.

2. 이러한 협의는 어느 한쪽 당사자가 제기하는 모든 관련 고려사항, 특히 식별된 방안의 기술적 타당성, 경제적 실행 가능성, 효과적인 안전조치의 적용 가능성 및 적절한 물리적 방호, 그리고 그러한 방안을 실행하기 위하여 필요한 모든 장비, 구성품 또는 기술의 사용이 확산 위험의 상당한 증가를 초래할 것인지 여부를 고려한다.

3. 당사자들이 이 절 제2항에 기술된 고려사항을 참작하여 우라늄의 농축을 위한 상호 수용 가능한 방안을 공동으로 식별하면, 당사자들은 원자력 공급국 그룹 지침을 감안하여, 그 방안에 적용 가능한 서면 약정을 체결할 수 있다.

4. 어떠한 약정이든 협정 제11조 제2항에 따라 서면으로 합의되는 경우, 당사자들은 협정에 따라 이전된 모든 우라늄을 우라늄 동위원소 235 20 퍼센트 미만까지 이 절 제5항을 조건으로 농축할 수 있다.

5. 이 절 제4항에서 규정된 것과 같이 우라늄 농축을 뒷받침하는 어떠한 약정이든 당사자들이 서면으로 합의하면, 이 절 제4항에 언급된 활동은, 당사자들의 법령과 다음에 따라 당사자들 간 서면 합의로 이 합의의사록 부속서 3에 추가된 시설에서만 수행될 수 있다.

가. 협정 제14조에 언급된 적용 가능한 안전조치 협정상 안전조치가 요구되는 시설을 이 합의의사록 부속서 3에 추가하는 제안에 앞서, 당사자들은 당사자들과 IAEA가 모두 수락할 수 있는, 그 시설에 대하여 발효될 안전조치 약정상의, 안전조치 접근법과 이를 구현하는 핵심 요소들을 개발하기 위하여 IAEA와 함께 협의한다. 당사자들은 그러한 추가를 하고자 하는 당사자의 요청 후 6개월 이내에 상호 간 및 IAEA와 협의를 개시하며, 이 합의의사록 부속서 3에 그러한 시설을 추가할 수 있도록 하는 이 항에 언급된 서면 합의를 협의 개시로부터 12개월 이내에 완료할 것을 목적으로 한다.

나. 이 항에 언급된 서면 합의는, 적용 가능한 경우, 이 합의의사록 부속서 3에 그 제안된 시설을 추가하기 위한 조건으로서, 이 항 가호에 언급된 협의를 통하여 도출된 안전조치 접근법과 핵심 요소를 담고 있는, 안전조치 약정의 발효를 포함하며, 당사자들의 서면 합의에 의하여 그 핵심 요소를 변경할 수 있도록 한다.

다. 협정 제14조에 언급된 적용 가능한 안전조치 협정상 안전조치가 요구되지 아니하는 시설이 제안되는 경우, 당사자들은 이 합의의사록 부속서 3에 그러한 시설을 추가할 수 있도록 하는 이 항에 언급된 서면 합의에 관한 협의를, 그러한 시설을 추가하고자 하는 당사자의 요청 후 6개월 이내에 개시하며, 협의 개시 후 12개월 이내에 그러한 합의를 완료하기 위하여 노력한다.

라. 이 합의의사록 부속서 3에 추가되기로 제안된 시설에 관하여 이 항에 언급된 서면 합의가 완료된 후, 그리고 제안된 시설에 대하여 적용가능한 IAEA와의 안전조치 약정(이른바 시설 부록)이 발효되고 나서, 제안 당사자는 다른 쪽 당사자에게 다음을 포함하는 서면 통지를 제공한다.

1) 시설의 소유자 또는 운영자의 이름, 시설명 및 현재의 또는 계획된 용량,

2) 시설의 위치, 취급 핵물질의 종류, 그러한 핵물질이 시설에 반입될 대략적인 일자 및 시설에서 수행될 활동의 종류,

3) 위에 규정된 바에 따라 안전조치가 요구되는 경우, 이 항 가호에 언급된 안전조치 접근법과 핵심 요소를 담고 있고, 그 핵심 요소에 대하여 통지 이전에 당사자들에 의하여 서면으로 합의된 모든 변경을 포함하는, IAEA와의 안전조치 약정이 그 제안된 시설에 대하여 발효되었다는 서술과, 그 안전조치 약정에 담겨 있는 핵심 요소에 대한 기술, 그리고

4) 협정 제12조에 따라 요구되는 물리적 방호조치가 유지될 것이라는 서술

마. 수령 당사자는 제안 당사자에 제안 당사자의 통지에 대한 서면 확인을 제공하며, 그 서면 확인은 그러한 통지를 수령하였다는 서술로 한정된다. 그러한 확인은 통지를 수령한 후 30일 이내에 한다.

6. 당사자들은 협정 제19조 제1항의 요건에 따라 체결된 행정약정의 이행의 맥락에서, 이 합의의사록 부속서 3에 열거된 시설에서 수행된 모든 농축 활동과 관련하여 연례보고서를 교환한다.

7. 어느 한쪽 당사자는 협정 제17조에 규정된 행위의 결과로서 야기된 것을 포함하여, 예외적인 사례에 의하여 야기된 핵확산 위험 또는 그 당사자의 국가안보에 대한 위협의 상당한 증가를 방지하기 위하여, 이 합의의사록 부속서 3에 열거된 시설에 관하여 협정 제11조 제2항에 따라 그 당사자가 부여한 모든 합의와 이 절에 따라 체결된 약정을 전적으로 또는 부분적으로 중지할 수 있다. 당사자들은 그러한 중지에 앞서 대한민국의 장관급과 미합중국의 내각 각료급에서 협의한다. 그러한 중지를 위한 모든 결정은 그러한 결정을 하는 당사자 정부의 최고위급에서만 이루어지며, 다른 쪽 당사자에게 서면으로 통보된다. 모든 중지는 그 예외적인 사례를 다루기 위하여 필요한 최소한의 기간 동안만 적용된다. 중지하는 당사자는 그 결정을 촉발시킨 상황의 전개를 계속해서 검토하며 철회가 정당화되는 대로 그러한 중지를 철회한다. 이 절에 따라 체결된 약정이 중지되는 경우, 그러한 약정 또는 이 합의의사록 부속서 3에서 확인된 시설에 관하여 협정 제11조에 따라 부여된 모든 장기 동의는 유사하게 중지된다.

대한민국 정부를 대표하여 **미합중국 정부를 대표하여**

부속서 1

1. 이 합의의사록 제5절 제1항에 따라 열거된 시설

가. 대한민국 한국원자력연구원의 조사후연료시험시설

나. 대한민국 한국원자력연구원의 조사재시험시설

다. 대한민국 한국원자력연구원의 사용후핵연료차세대관리종합공정실증시설

라. 대한민국 한국원자력연구원의 경중수로연계핵연료주기시설

마. 미합중국 아이다호국립연구소의 조사후연료시험시설

2. 이 합의의사록 제5절 제2항에 따라 열거된 시설

가. 대한민국 한국원자력연구원의 사용후핵연료차세대관리종합공정실증시설

나. 대한민국 한국원자력연구원의 경중수로연계핵연료주기시설

다. 미합중국 아이다호국립연구소의 조사후연료시험시설

부속서 2

1. 이 합의의사록 제6절에 따라 열거된 연구·개발 시설

2. 이 합의의사록 제6절에 따라 열거된 실증 또는 생산 시설

부속서 3

이 합의의사록 제7절에 따라 열거된 시설

양자 고위급 위원회에 관한 합의의사록

오늘 서명된 〈대한민국 정부와 미합중국 정부 간의 원자력의 평화적 이용에 관한 협력 협정〉(이하 "협정"이라 한다)의 협상 중, 다음의 양해가 협정의 불가분의 일부로서 이루어졌다.

1. 협정 제18조 제2항에 따라, 당사자들은 대한민국 정부를 대표하여 외교부 차관과 미합중국 정부를 대표하여 에너지부 부장관(총칭하여 "위원회 의장"이라 한다)이 이끄는 양자 고위급 위원회를 구성한다. 양자 고위급 위원회의 목적은 민간 핵연료주기를 포함한 민간 원자력에서의 당사자들의 평화적 원자력 협력과 전략적 협력 및 상호 관심 분야에 대한 현재 진행 중인 대화를 원활히 하는 것이다. 양자 고위급 위원회는 최소 연 1회 개최되며, 당사자들이 교대로 개최한다.

2. 협정 제18조 제2항에 의하여 규정된 것과 같이, 위원회 의장의 지시에 따라, 사용후핵연료 관리, 원자력 수출 진흥, 핵연료 공급 보장, 핵안보, 그리고 당사자들에 의하여 서면으로 상호 합의되는 평화적 원자력 협력과 관련된 다른 모든 주제를 서로 협의하기 위하여 상호의 관심 분야에서 실무그룹을 구성한다.

3. 당사자들은 이로써 최초의 4개 실무그룹의 구체적인 목표에 관하여 다음과 같이 합의한다.

가. 사용후핵연료 관리에 관한 실무그룹은, 사용후핵연료의 안전하고 안정적인 관리 증진에 관한 협력을 원활히 하며, 이는 다음을 포함한다.

1) 사용후핵연료의 저장, 수송 및 처분에 관한 연구, 개발, 실증 및 기술 협력

2) 각 국가에서 사용후핵연료의 관리 방안을 다양화하기 위한 공동의 노력

3) 사용후핵연료의 관리가 환경, 공중 보건, 안전에 미치는 영향을 최소화하기 위한 선진 기술의 개발

4) 〈사용후핵연료 및 방사성폐기물 관리의 안전에 관한 공동 협약〉 및 그 밖의 관련된 국제 협력 체제의 효과적인 이행에 관한 협력

5) 원전 해체 분야에서의 전문적 지식의 교환 및 협력

나. 원자력 수출 진흥 및 수출 통제 협력에 관한 실무그룹은, 원자력 수출 진흥 및 수출 통제 협력에서의 협력을 원활히 하며, 이는 다음을 포함한다.

1) 전세계적 원자력 교역의 증진과 각 당사자들의 공급자, 운영자,

전력회사 및 금융업계가 참여하는 당사자들 간 원자력 교역 협력의 제고를 위한 방안

2) 재이전 허가를 포함하여, 수출입 인가 및 다른 관련 허가를 신속하게 할 수 있는 가능성

3) 다자간 수출 통제 지침의 개선과 그러한 지침의 전 세계적 민간 원자력 교역에 대한 영향

4) 정부 및 민간 실체가 원자력 수출상의 의무를 온전히 숙지하도록 보장하는 것

다. 핵연료 공급 보장에 관한 실무그룹은, 핵연료의 안정적 공급에 관한 협력을 원활히 하며, 이는 다음을 포함한다.

1) 원자력 에너지의 장기 지속 가능성 및 당사자들의 에너지 안보에 원자력이 미치는 영향에 대한 평가

2) 핵연료 시장의 예측 가능성과 안정성을 유지 및 강화하고자 하는 노력

3) 핵연료 시장에 대한 정보 교환, 평가 및 분석

4) 핵연료 시장에서의 예측 불가능한 교란 발생 가능성 평가 및 그러한 교란 발생 시 상호 지원 가능성

5) 핵연료의 안정적 공급을 위한 양자간 및 다자간 체제의 발전

라. 핵안보에 관한 실무그룹은, 핵 안보에 관한 협력을 원활히 하며, 이는 다음을 포함한다.

1) 고농축우라늄과 분리된 플루토늄의 민간 이용을 최소화하기 위한 방안 식별

2) 2005년 개정된 〈핵물질의 물리적 방호에 관한 협약〉의 발효를 위한 대외 활동을 포함, 전 세계적 핵 안보의 법적 체제를 강화할

수 있는 방안의 추구

3) 핵 안보를 그 임무의 일환으로 하는 국제기구, 특히 국제연합 및 국제원자력기구의 이 사안에 대한 노력 강화

4) 〈대량살상무기 및 물질의 확산에 반대하는 글로벌 파트너십〉과 〈세계핵 테러 방지 구상〉을 포함하여, 전 세계적 핵 안보 구상에서의 협력

5) 핵안보교육훈련센터의 개선을 포함, 핵 안보 문화를 증진시키기 위한 지역적 및 국제적 협력의 강화

6) 새롭게 등장하고 있는 핵시설 사이버 테러의 위협에 대한 대응

7) 핵물질 및 시설의 물리적 방호 분야에서의 모범 관행의 식별

4. 원자력 안전 문제는 당사자들의 적절한 원자력 규제 기관 간의 협력과 협의를 통하여 지속적으로 다루어질 것이다. 그러한 협력 및 협의 과정의 진행에 관한 정보는 요청이 있는 경우 양자 고위급 위원회에 제공될 수 있다.

5. 협정 제19조 제3항에 언급된 공동상설위원회는 양자 고위급 위원회에 보고한다. 한미 연료주기공동연구의 운영위원회는 연구 결과를 양자 고위급 위원회에 보고한다.

6. 각 실무그룹은 최소 연 1회 회의를 개최하고 양자 고위급 위원회의 연례 회의에 보고한다.

7. 양자 고위급 위원회 및 관련 실무그룹 활동 참여와 관련한 당사자들의

의무는 각 당사자의 적용 가능한 법령의 적용을 받는다.

8. 당사자들은 양자 고위급 위원회와 그 실무그룹 활동의 효율적 조율을 위한 당사자들의 적절한 당국 내 지정 부서를 외교 경로를 통하여 상호 통보한다.

대한민국 정부를 대표하여 **미합중국 정부를 대표하여**

1 박용한·이상규, "북한의 핵탄두 수량 추계와 전망", 《동북아안보정세분석》, 2023.1.11.

2 이선, "'동시 발사시 핵에 버금가는 위력'... '현무-5 미사일' 파괴력", YTN, 2023.2.4.

3 정충신, "軍, 탄두중량 6t 전술핵무기급 '현무5 괴물미사일' 개발중", 〈문화일보〉, 2022.7.25.

4 노석조, "서울 시청 상공 800m서 핵폭발 땐… 시뮬레이션 해보니", 〈조선일보〉, 2023.3.22.

5 "[제6차 세종국방포럼] 전략사령부 창설, 어떻게 볼 것인가," https://www.youtube.com/watch?v=h9CF3ii5u10 참조.

6 David E. Sanger and Maggie Haberman, "In Donald Trump's Worldview, America Comes First, and Everybody Else Pays", 〈The New York Times〉, March 26, 2016.

7 송금영, "러시아의 벨라루스 전술핵무기 배치 배경과 전망", 〈외교광장〉, 2023.6.23.

8 더 상세한 내용은 글로벌파이어파워 홈페이지 https://www.globalfirepower.com/countries-listing.php 참조.

9 샤를 드골 저·심상필 역, 《드골, 희망의 기억》(은행나무, 2013), 310쪽.

10 샤를 드골, 《드골, 희망의 기억》, 311쪽.

11 샤를 드골, 《드골, 희망의 기억》, 313쪽.

12 조문정, "韓, 핵무장보다는 사회적 합의 복원하고 '우라늄 농축권한' 확보해야", 〈뉴데일리〉, 2023.6.20.

13 냉전 시대 동남아시아에서 공산주의의 확대에 대항하기 위해 1954년 9월 8일 마닐라에서 '동남아시아집단방위조약' 또는 '마닐라 조약'에 미국, 영국, 프랑스, 필리핀 등 8개국이 서명함으로써 창설되었던 군사협력기구

14 샤를 드골, 《드골, 희방의 기억》, 391쪽.

15 샤를 드골, 《드골, 희망의 기억》, 401쪽.

16 박제균, "盧대통령은 '프랑스 코드'…'할말하는 행보' 드골 빼닮아", 〈동아일보〉, 2005.4.29.

17 이 부분은 정성장, "윤석열 정부의 대북 전략과 과제," 이대우 편, 《윤석열 정부 대외정책 과제》(세종연구소, 2022), 48~54쪽의 내용을 수정하여 작성했다.

18 이상만, "김일성 시대의 북중관계," 이상만·이상숙·문대근, 《북중관계: 1945-2020》(경남대학교 극동문제연구소, 2021), 76쪽.; 정성장, 《북한·중국 군사교류협력의 지속과 변화》(세종연구소, 2012) 참조.

19 〈로동신문〉, 1961.7.12.

20 채태병, "[더차트]韓 군사력 세계 6위, 北은 30위…러 vs 우크라 차이는?", 〈머니투데이〉, 2022.04.16.

21 Global Fire Power, “2023 Military Strength Rank,” https://www.globalfirepower.com/countries-listing.php (검색일: 2023.4.9).

22 김호성, “北, 3년만에 GDP 플러스 전환…남북 1인소득 격차 확대”, 〈서울파이낸스〉, 2020.12.28.

23 김정은, “현 단계에서의 사회주의 건설과 공화국 정부의 대내외정책에 대하여 — 조선민주주의인민공화국 최고인민회의 제14기 제1차회의에서 한 시정연설. 주체108(2019)년 4월 12일”, 〈로동신문〉, 2019.4.13. 참조.

24 라종일 교수 등은 북한의 전략이 기본적으로 일관된 ‘행동 대 행동’ 원칙에 의거한다고 설명한다. 즉, 처음부터 핵무기와 핵물질을 모두 신고하고 강제 사찰에 기초해 핵무기를 폐기해야 한다는 미국의 주장에 대해 핵시설을 일부 폐쇄하면서 유엔의 제재조치를 하나씩 잠정 동결하는 식으로 시간을 끌며 경제 교류 등 평화로운 관계를 유지하다가, 결정적인 단계에 다시 합의 이행을 중단하면서 모든 것을 원점으로 돌려놓는 것이 북한의 전략이라는 것이다. 라종일·김동수·이영종, 《하노이의 길》 (파람북, 2022), 102쪽.

25 라종일·김동수·이영종, 《하노이의 길》, 103쪽 참조.

26 노지원, “국제정치 권위자 미어샤이머 ‘더 이상의 최대 압박 정책 안 된다’”, 〈한겨레〉, 2018.3.24.

27 신종호 외, 《미중 전략경쟁과 한국의 대응: 역사적 사례와 시사점》 (통일연구원, 2021), 404쪽.

28 문대근, “북중관계의 특징과 변화,” 이상만·이상숙·문대근, 《북중관계: 1945-2020》(경남대학교 극동문제연구소, 2021), 260쪽.

29 김덕기, “최근 우크라이나 사태가 한반도 안보에 주는 함의”, 〈KIMS Periscope〉 제265호(2022.2.17.), 3쪽; 유철종, “클린턴, '우크라에 핵 포기 설득' 후회…‘러, 침공 못했을 텐데’”, 〈연합뉴스〉, 2023.4.6.; 정경영, “우크라이나 전쟁과 한국 시사점”, 〈국제문제연구소 이슈브리핑〉 No. 177 (2022.3.21.), 6~9쪽; 조한범, “우크라이나 사태 평가와 국제질서 변화 전망,” 통일연구원 Online Series (2022.4.14.), 4~7쪽 참조.

30 유철종, “클린턴, ‘우크라에 핵 포기 설득’ 후회…‘러, 침공 못했을 텐데’”, 〈연합뉴스〉, 2023.4.6.

31 북한 핵무기는 내부를 향한 정치적 측면도 있다. 핵보유국이라는 것 자체가 주민들의 사기를 끌어올리는 효과가 있다. 홍우택·박창권, 《북한의 핵전략 분석》(통일연구원, 2018), 92쪽.

32 정성장, “[정성장 칼럼] 김주애의 등장, ‘4대 세습’의 신호탄?”, 피렌체의 식탁, 2023.1.13. (https://firenzedt.com/25564) 참조.

33 “조선로동당 중앙위원회 제7기 제5차 전원회의에 관한 보도”, 〈로동신문〉, 2020.1.1.

34 “조선로동당 중앙위원회 김여정 제1부부장 담화”, 〈조선중앙통신〉, 2020.7.10.

35 “우리 식 사회주의 건설을 새 승리에로 인도하는 위대한 투쟁강령 -- 조선로동당 제8차 대회에서 하신 경애하는 김정은 동지의 보고에 대하여”, 〈로동신문〉, 2021.1.9.

36 “조선로동당 중앙위원회 제8기 제6차 전원회의 확대회의에 관한 보도”, 〈로동신문〉, 2023.1.1.

37 지예원, “미어샤이머 교수 ‘북, 핵 포기 안해…대북협상은 시간 낭

비’”, 자유아시아방송, 2019.3.20.

38 김용래·배영경, “북, 신형 전술유도탄 시험발사…합참 ‘어제 2발’ 하루 뒤 공개(종합3보)”, 〈연합뉴스〉, 2022.4.17.

39 “경애하는 김정은 동지께서 신형 전술유도무기 시험발사를 참관하시였다”, 〈로동신문〉, 2022.4.17.

40 배영경, “북, 신형 무기에 ‘전술핵’ 탑재할듯…대남 핵 위협 점점 노골화”, 〈연합뉴스〉, 2022.4.17.

41 “조선민주주의인민공화국 최고인민회의 법령 조선민주주의인민공화국 핵무력정책에 대하여”, 〈로동신문〉, 2022.9.9. 참조.

42 “조선민주주의인민공화국 최고인민회의 법령 자위적핵보유국의 지위를 더욱 공고히 할데 대하여”, 〈로동신문〉, 2013.4.2.

43 정성장, “북한의 핵지휘통제체계와 핵무기 사용 조건의 변화 평가 — 9·8 핵무력정책법령을 중심으로”, 〈세종논평〉 No. 2022-06 (2022.9.14.) 참조.

44 “경애하는 김정은 동지께서 조선인민군 전술핵 운용부대들의 군사훈련을 지도하시였다”, 〈로동신문〉, 2022.10.10. 참조.

45 홍민, “북한의 조선인민군 창군 75주년 기념 열병식 분석”, 통일연구원 Online Series, 2023.2.13., 5쪽.

46 “조선민주주의인민공화국 전략무력의 끊임없는 발전상을 보여주는 위력적 실체 또다시 출현 — 경애하는 김정은 동지께서 신형 대륙간탄도미싸일 ‘화성포-18’형 첫 시험발사를 현지에서 지도하시였다”, 〈로동신문〉, 2023.4.14.

47 〈로동신문〉, 2023.4.14.

48 브루스 W 베넷·최강·고명현·브루스 E. 벡톨·박지영·브루스 클링너·

차두현, 《북핵 위협, 어떻게 대응할 것인가》(랜드연구소·아산정책연구원, 2021).

49 박용한·이상규, "북한의 핵탄두 수량 추계와 전망", 《동북아안보정세분석》, 2023.1.11.

50 박재우, "미 과학자연맹 '북 핵탄두 늘려… 30개 이상 추정'", 자유아시아방송, 2023.4.4.

51 Andrew Futter 저·고병준 역, 《핵무기의 정치》(명인문화사, 2016), 58~61쪽 참조.

52 이우탁, "'北, 핵탄두 30기 이상 보유'의 의미와 파장", 〈연합뉴스〉, 2023.4.5.

53 정성장·최은주, "북한 당중앙위원회 제8기 제6차 전원회의 평가와 2023년 대내외 정책 전망: 핵능력의 급속한 확대와 안정적 체제관리 추구", 〈세종정책브리프〉 No. 2023-01 (2023.1.27.) 참조.

54 정성장, "북한의 전술핵무기 전방 실전배치 전망과 작전계획 수정의 함의 — 북한 당중앙군사위원회 제8기 제3차 확대회의 평가", 〈세종논평〉 No. 2022-03 (2022.7.1.) 참조.

55 브루스 W 베넷 외, 《북핵 위협, 어떻게 대응할 것인가》, xii쪽.

56 "조선로동당 중앙군사위원회 제8기 제6차 확대회의 진행", 〈로동신문〉, 2023.4.11.

57 "핵반격가상종합전술훈련 진행", 〈로동신문〉, 2023.3.20.

58 노석조, "서울 시청 상공 800m서 핵폭발 땐… 시뮬레이션 해보니", 〈조선일보〉, 2023.3.22.

59 박성진, "일본 연구소 '북·미간 핵무기 사용 시 최대 210만 명 사망'", 〈연합뉴스〉, 2023.4.7.

60 차두현, “자체 핵무장, 치러야 할 대가 너무 크다”, 〈신동아〉 2022년 12월호, 48쪽.

61 차두현, “자체 핵무장, 치러야 할 대가 너무 크다”, 53쪽.

62 이창위 서울시립대 법학전문대학원 교수는 “핵무기가 탑재된 북한의 대륙간탄도미사일이 미국의 서부를 실제로 위협하게 된다면, 미국이 제공하는 확장억지는 휴지조각이 될 수 있다. 그것(확장억지)은 미국이 타국을 위해 핵전쟁을 감행하겠다는 의지가 있어야 비로소 효과가 있기 때문이다.”라고 지적하고 있다. 이창위, 《북핵 앞에 선 우리의 선택: 핵확산의 60년 역사와 실천적 해법》(궁리출판, 2019), 39쪽.

63 워싱턴선언에 대한 더 상세한 분석은 정성장, “[정성장 칼럼] 워싱턴선언, 북핵 위협 대응에 얼마나 도움이 될까?”, 피렌체의 식탁, 2023.5.8.(https://firenzedt.com/27251/) 참조.

64 강병철, “하원, 北미사일 위협 증대에 美 본토 미사일 방어 옵션 보고 요구”, 〈연합뉴스〉, 2023.6.14.

65 강병철, “美 정보위원장 ‘北, 핵탄두 소형화 성공…뉴욕 타격 능력 보유’”, 〈연합뉴스〉, 2023.6.5.

66 샤를 드골, 《드골, 희망의 기억》, 395~396쪽.

67 샤를 드골, 《드골, 희망의 기억》, 396쪽.

68 차두현, “자체 핵무장, 치러야 할 대가 너무 크다”, 51~53쪽.

69 이창위, 《북핵 앞에 선 우리의 선택》, 43쪽 참조.

70 김효정, “美전문가 ‘한국서 핵무장 논의 이어지면 美에 정책딜레마’”, 〈연합뉴스〉, 2016.6.14.

71 차두현, “자체 핵무장, 치러야 할 대가 너무 크다”, 50쪽.

72 유용원, "[유용원의 밀리터리 시크릿] 전술핵 재배치가 현실적으로 어려운 3대 이유", 〈조선일보〉, 2022.10.18.

73 이창위, 《북핵 앞에 선 우리의 선택》, 44쪽 참조.

74 샤를 드골, 《드골, 희망의 기억》, 311~313쪽.

75 샤를 드골, 《드골, 희망의 기억》, 323쪽.

76 샤를 드골, 《드골, 희망의 기억》, 330~331쪽.

77 샤를 드골, 《드골, 희망의 기억》, 331~332쪽.

78 샤를 드골, 《드골, 희망의 기억》, 316~317쪽.

79 "[사설] 한미 핵 협의그룹 창설, '韓 핵 족쇄'는 강화됐다", 〈조선일보〉, 2023.4.27. 참조.

80 샤를 드골, 《드골, 희망의 기억》, 397쪽 참조.

81 한반도선진화재단 북핵대응연구회도 "현재의 국가안보실은 당장의 외교 및 안보 관련 사항을 처리하는 데 대부분의 역량을 집중할 수밖에 없다는 점에서 북핵 대응을 전담하는 제3차장실을 신설해 보강할 필요가 있다."라고 주장했다. 한반도선진화재단 북핵대응연구회, 《북핵: 방관할 것인가?》, 한선정책 2023-1 (2023.2.1.), 47쪽.

82 페이스북 웹페이지: https://www.facebook.com/rokfns/
링크드인 페이지: https://www.linkedin.com/company/rokfns/

83 신진우·손효주, "[단독]'韓 자체 핵 보유' 한국인 64%-미국인 41% 찬성", 〈동아일보〉, 2023.3.31.

84 "[사설]한미동맹 70년, 안보 넘어 경제까지 '매력 파트너'로", 〈동아일보〉, 2023.4.1.

85 2022년 12월 세종연구소 북한연구센터가 주최한 '2022 한미핵전략포럼'은 미국 전문가들에게 한국의 심각한 안보 상황을 인식

시키고, 미국에서 한국의 핵무장 문제에 대한 논의가 활성화되는 데 기여했다.

86 퍼거슨 보고서의 내용은 Charles D. Ferguson, “How South Korea Could Acquire And Deploy Nuclear Weapons,” http://npolicy.org/books/East_Asia/Ch4_Ferguson.pdf (검색: 2016.3.17.) 참조.

87 현무-1은 사거리 180km 이하의 단거리 탄도미사일, 현무-2는 180km~800km 이상의 탄도미사일, 현무-3은 크루즈(순항) 미사일임.

88 서균렬, “단궁, 한국형 핵 개발 사업,” 국민의힘 국회의원 류성걸 주최 ‘대한민국의 자체 핵 보유, 필요한가?’ 주제 토론회 토론문(2023.4.17.).

89 동진서, “북핵 대응 한국 핵무장론 따져보니…”, 〈일요신문〉, 2016.1.11.

90 이영종, “천영우 ‘수만 명 죽은 뒤 응징보복 소용없어…핵무장 잠재력 확보해야’”, 〈뉴스핌〉, 2023.5.17. 참조.

91 한용섭, 《핵비확산의 국제정치와 한국의 핵정책》(박영사, 2022), 316~317쪽.

92 미일원자력협정 전문은 전진호, 《일본의 대미 원자력 외교: 미일 원자력 협상을 둘러싼 정치과정》(선인, 2019), 310~328쪽 참조.

93 2015년에 개정된 한미원자력협정의 주요 조항에 대해서는 이 책의 ‘부록 4’ 참조.

94 김진명, “일본은 핵연료 재처리, 한국은 금지… 46년째 꽁꽁 묶인 원자력협정”, 〈조선일보〉, 2019.11.20.

95 양철민, “사용후 핵연료 보관할 건식저장시설 설치돼야”, 〈서울경제〉, 2022.07.06.

96 전진호, “한미 원자력협정과 미일 원자력협정 비교 및 시사점: 한일 협정 및 한미 협정 개정 방향과 관련하여”, 세종연구소 특별정세토론회 발표문 (2023.5.19.), 6~7쪽 참조.

97 전진호, “한미 원자력협정과 미일 원자력협정 비교 및 시사점”, 9쪽.

98 한용섭, 《핵비확산의 국제정치와 한국의 핵정책》, 320쪽.

99 일본은 캐나다, 호주, 카자흐스탄, 남아프리카 등에서 천연 우라늄을 구입하고, 미국, 프랑스, 영국 등에서 농축해서 수입(일본의 농축우라늄 공급 중 50% 정도를 미국이 담당)한다. 한국은 미국은 물론 러시아와 중국 등으로부터 농축우라늄을 수입하는데, 러시아산 농축우라늄 수입이 30% 이상을 차지한다.

100 2021년 현재 일본의 플루토늄 재고는 약 47톤이며, 그중 10톤 이상을 일본 국내에 보관 중이다. 플루토늄을 수십 톤 단위로 보유하고 있는 핵무기 비보유국은 일본밖에 없다.

101 추출한 플루토늄을 우라늄과 혼합해 만든 핵연료로 일반 원자로에서 연소는 가능하나, MOX 연료로 사용하는 플루토늄은 제한적이어서 일본의 잉여 플루토늄은 늘어나는 추세다.

102 핵무기의 원료로 사용하는 플루토늄 239는 93% 이상 농축된 것을 무기급, 그 이하를 원자로급으로 분류하지만, 미국 에너지성은 원자로급 플루토늄도 고도의 설계기술을 적용하면 파괴력이 큰 핵무기를 생산할 수 있다고 평가한다. 한편 IAEA는 무기급, 원자로급에 관계없이 8kg 정도의 플루토늄으로 핵무기를 제조할 수 있다고 본다.

103 전진호, "한미 원자력협정과 미일 원자력협정 비교 및 시사점", 9쪽.

104 김상진, "[단독] 국힘 특위 보고서엔 '핵무장 비밀 프로젝트 추진해야'", 〈중앙일보〉, 2022.11.24.

105 Daryl G. Press, "South Korea's Nuclear Choices," 2022 한미핵전략포럼 발표 논문 (2022.12.17.) 참조.

106 이창위, 《북핵 앞에 선 우리의 선택》, 31~34쪽 참조.

107 NPT의 주요 조항에 관해서는 이 책의 '부록 3' 참조.

108 Daryl G. Press, "South Korea's Nuclear Choices", 2022 한미핵전략포럼 발표 논문 (2022.12.17.) 참조.

109 이창위 교수는 "한국이 북한의 비핵화가 성공할 때까지 조건부로 핵무장한다고 선언하면 국제사회가 반대할 명분은 약해진다."라고 지적한다. 이창위, 《북핵 앞에 선 우리의 선택》, 40쪽.

110 손병호·민태원, "모락모락 피어나는 핵실험 실패설…중성자탄 폭발 관측도", 〈쿠키뉴스〉, 2006.10.10.

111 박용한·이상규, "북한의 핵탄두 수량 추계와 전망", 《동북아안보정세분석》, 2023.1.11.

112 조진우, "미국인 10명 중 7명, '바이든이 김정은에 회담 제안해야'", 자유아시아방송, 2023.2.7.

113 신진우·손효주, "[단독]'韓 자체 핵 보유' 한국인 64%-미국인 41% 찬성", 〈동아일보〉, 2023.3.31.

114 배명복, "美교수 '한국, 미국 못 믿을 땐 자체 핵을…'", 〈중앙일보〉, 2013.2.13., https://www.joongang.co.kr/article/10765252 참조.

115 Charles D. Ferguson, "How South Korea Could Acquire And Deploy Nuclear Weapons" 참조.

116 David E. Sanger and Maggie Haberman, "In Donald Trump's Worldview, America Comes First, and Everybody Else Pays", 〈The New York Times〉, March 26, 2016.

117 이승헌·구자룡·주승하, "틸러슨 '韓日 핵무장 허용할 수도'", 〈동아일보〉, 2017.3.20.

118 이재원, "트럼프, 日핵무장 원하나…北위기로 美전략 딜레마", KBS News, 2017.9.5.

119 최동혁, "트럼프, 韓 전술핵배치·핵무장 등 '공격적' 대북옵션 검토", KBS News, 2017.9.9.

120 양성원, "손베리, '한일 자체 핵무장 고려' 이해", 자유아시아방송, 2017.10.5.

121 이슬기, "美 하원의원 '중국이 北 비핵화 압박하도록 韓日 핵무장 논의해야'", 〈조선비즈〉, 2021.3.17.

122 나경연, "태영호, 美 하원의원 만나 '북 추가 유인책 필요'", 〈국민일보〉, 2022.9.17.

123 박승혁, "미국 일각 '한국 핵무장 스스로 결정해야…미국 핵우산 신뢰도 떨어져'", 자유아시아방송, 2022.10.14.

124 박승혁, "미국 일각 '한국 핵무장 스스로 결정해야…미국 핵우산 신뢰도 떨어져'"

125 Jennifer Lind and Daryl G. Press, "Should South Korea build its own nuclear bomb?", 〈Washington Post〉, October 7, 2021.

126 Robert E. Kelly, "The U.S. Should Get Out of the Way in East Asia's Nuclear Debates", 〈Foreign Policy〉, July 15, 2022.; Ramon Pacheco Pardo, "South Korea Could Get Away With

the Bomb", 〈Foreign Policy〉, March 16, 2023.

127 Seong-Chang Cheong, "The Case for South Korea to Go Nuclear", 〈The Diplomat〉, October 22, 2022.

128 Seung-Whan Choi, "The Time Is Right: Why Japan and South Korea Should Get the Bomb", 〈The National Interest〉, July 12, 2022.; Daehan Lee, "Is South Korean Nuclear Proliferation Inevitable?", 〈The National Interest〉, July 18, 2022.; Daehan Lee, "The Case for a South Korean Nuclear Bomb", 〈The National Interest〉, September 24, 2022.

129 조은정, "[특별 대담] '한국 NPT 탈퇴 후 핵무장 정당' vs '혹독한 대가 치를 것'", VOA, 2022.12.23.

130 조은정, "[특별 대담] '미국이 한국 핵무장 용인할 수도' vs '미한 동맹에 부담'", VOA, 2023.2.3.

131 조은정, "한국 핵무장론 논의 심화 '핵계획그룹 설립해야… 중국 타이완 침공 시 한일 핵무장'", VOA, 2023.2.28.

132 조은정, "한국 핵무장론 논의 심화 '핵계획그룹 설립해야… 중국 타이완 침공 시 한일 핵무장'", VOA, 2023.2.28.

133 김근철, "[해외전문가 특별인터뷰①] 스콧 스나이더 '美, 결국 韓 핵무장 인정할 것'", 〈뉴스핌〉, 2023.4.6.

134 조은정, "[신년 인터뷰: 슈라이버 전 차관보] '한일 핵무장 논의 금기 없어져…타이완 유사시 한국 역할 논의 시작해야'", VOA, 2023.1.26.

135 함지하, "[워싱턴 톡] '한국 핵무장' 미국 반대 벽 넘나…아직은 'NO'", VOA, 2023.1.29.

136 2023년 1월 24일 미 에머슨대학교가 발표한 2024년 가상 대선 설문조사에 따르면 트럼프와 바이든이 대선에서 다시 맞붙을 경우 바이든의 지지율은 41%로 트럼프(44%)보다 3%p 낮았다. 〈파이낸셜뉴스〉, 2023.2.2.

137 미국의 한반도 문제 전문가인 스콧 스나이더 미국외교협회(CFR) 미한정책국장은 최근 〈뉴스핌〉과의 특별 인터뷰에서 "김정은이 … 핵무기 능력을 가진 체제 생존을 추구하고 있기 때문에, 그는 핵무기를 결코 포기하지 않을 것"이라고 평가했다. 김근철, "[해외전문가 특별인터뷰①] 스콧 스나이더 '美, 결국 韓 핵무장 인정할 것'", 〈뉴스핌〉, 2023.4.6.

138 유용원, "[유용원의 밀리터리 시크릿] 실현 불가능해진 북 비핵화! 완벽한 한반도 핵억지론 제기", 〈조선일보〉, 2022.11.8. 참조.

139 이창위, 《북핵 앞에 선 우리의 선택》, 40~41쪽.

140 이창위, 《북핵 앞에 선 우리의 선택》, 43쪽.

141 신진우·손효주, "[단독]'韓 자체 핵 보유' 한국인 64%-미국인 41% 찬성", 〈동아일보〉, 2023.3.31.

142 샤를 드골, 《드골, 희망의 기억》, 313쪽 참조.

143 이민석, "美전문가 '트럼프 복귀 땐 한반도 정책 다 바뀐다, 한국 핵무장 고려해야'", 〈조선일보〉, 2023.6.22.

144 정성장, "핵무장 반대론자의 10가지 오류를 반박한다", 〈신동아〉 2016년 12월호, 222~229쪽; 정성장, "핵무장, 국가 생존과 통일을 위한 불가피한 선택", 윤태곤 외 《한국의 논점 2017》(북바이북, 2016), 130~140쪽 참조.

145 로버트 아인혼, "한국은 핵무기를 보유해야 하는가?", 2022 한미핵

전략포럼 발표 논문 (2022.12.17.), 194쪽 참조.

146 조은정, "[특별 대담] '미국이 한국 핵무장 용인할 수도' vs '미한 동맹에 부담'" 참조.

147 이민석, "北 비핵화 안할 것 세계가 아는데...한국 핵 보유 열망 막기 쉽겠나", 〈조선일보〉, 2023.5.14.,

148 로버트 아인혼, "한국은 핵무기를 보유해야 하는가?", 2022 한미핵전략포럼 발표 논문 (2022.12.17.), 194쪽 참조.

149 이상수, "[기고] '강대강 맞대응' 전략 벗어나 실용외교 대안 마련해야", 〈뉴스핌〉, 2023.02.06.

150 Charles D. Ferguson, "How South Korea Could Acquire And Deploy Nuclear Weapons" 참조.

151 로버트 아인혼, "한국은 핵무기를 보유해야 하는가?", 2022 한미핵전략포럼 발표 논문 (2022.12.17.), 194쪽 참조.

152 "[사설] 美 이중잣대 NPT 무력화 우려한다", 〈서울신문〉, 2006.03.04.

153 Charles D. Ferguson, "How South Korea Could Acquire And Deploy Nuclear Weapons" 참조.

154 로버트 아인혼, "한국은 핵무기를 보유해야 하는가?", 2022 한미핵전략포럼 발표 논문 (2022.12.17.), 194~195쪽 참조.

155 조은정, "[특별 대담] '미국이 한국 핵무장 용인할 수도' vs '미한 동맹에 부담'" 참조.

156 이윤정, "LNG·유류·석탄 연료비 치솟는데… 우크라 위기서 빛난 원전", 〈조선비즈〉, 2022.03.04.

157 강영진, "러 에너지 수출 제재에 원자력이 제외된 이유는?", 〈뉴시

스〉, 2023.03.07.

158 김세업, "미국·유럽, 러시아에 농축우라늄 20% 의존…에너지 독립 방해", 〈글로벌 이코노믹〉, 2022.07.19.

159 Charles D. Ferguson, "How South Korea Could Acquire And Deploy Nuclear Weapons" 참조.

160 조은정, "[특별 대담] '미국이 한국 핵무장 용인할 수도' vs '미한 동맹에 부담'" 참조.

161 서균렬, "단궁, 한국형 핵 개발 사업," 국민의힘 국회의원 류성걸 주최 '대한민국의 자체 핵 보유, 필요한가?' 주제 토론회 토론문 (2023.4.17.).

162 권성훈, "중국·북한 핵탄두 수 증가에 핵 균형 고민하는 미국", 〈매일신문〉, 2023.5.02.

163 Charles D. Ferguson, "How South Korea Could Acquire And Deploy Nuclear Weapons" 참조.

164 문병기, "美中 파워게임에 대만-남중국해서 전쟁 발발 위험", 〈동아일보〉, 2022.1.17.

165 송금영, "러시아의 벨라루스 전술핵무기 배치 배경과 전망", 〈외교광장〉, 2023.6.23. 참조.

166 신진우·손효주, "[단독]'韓 자체 핵 보유' 한국인 64%-미국인 41% 찬성", 〈동아일보〉, 2023.3.31.

167 로버트 아인혼, "한국은 핵무기를 보유해야 하는가?", 193쪽 참조.

168 차두현, "자체 핵무장, 치러야 할 대가 너무 크다", 50쪽.

169 박은하, "한국·일본·호주, 무기 수입 급증 왜", 〈경향신문〉, 2022.3. 14.

170 김현지·조해수, “[단독] 윤석열 정부, 1년 만에 ‘미국 무기’만 18조원 구매…문재인 정부 5년의 7배”, 〈시사저널〉, 2023.5.12.

171 정경영, 《전작권 전환과 국가안보》(매봉, 2022), 13쪽.

172 정경영, 《전작권 전환과 국가안보》, 99~100쪽.

173 정경영, 《전작권 전환과 국가안보》, 102쪽.

174 김정섭, “한국의 독자 핵무장과 전략적 안정성”, 〈세종정책브리프〉 No. 2023-2 (2023.2.28.), 15~18쪽 참조.

175 김태형, 《인도-파키스탄 분쟁의 이해》(서강대학교출판부, 2019), 211쪽 참조.

176 김태형, 《인도-파키스탄 분쟁의 이해》, 82~86쪽; 이창위, 《북핵 앞에 선 우리의 선택》, 140쪽 참조.

177 김태형, 《인도-파키스탄 분쟁의 이해》, 209쪽 참조.

178 박휘락, “핵무장론 ‘데자뷰(deja vu)’에 대한 우려”, 〈데일리안〉, 2023.2.5.

179 2023년 3월 28일 북한이 〈로동신문〉을 통해 처음으로 공개한 ‘화산-31’이라는 명칭의 규격화된 전술핵탄두의 위력에 대해 전문가들은 10킬로톤 안팎일 가능성이 높다고 보고 있다. 유용원, “직경 50㎝ 전술핵탄두 꺼낸 김정은… 北 ‘소형화·표준화 완성’ 주장”, 〈조선일보〉, 2023.3.29.

180 조문정, “韓, 핵무장보다는 사회적 합의 복원하고 ‘우라늄 농축 권한’ 확보해야”, 〈뉴데일리〉, 2023.6.20.

181 샤를 드골, 《드골, 희망의 기억》, 321~323쪽.

182 한국핵자강전략포럼 활동 및 회원 가입 문의: 김율곡(rokfns@gmail.com)

183 자료: 법제처 국가법령정보센터 (https://www.law.go.kr/LSW//trtyInfoP.do?mode=4&chrClsCd=010202&trtySeq=2390).

184 자료: 외교부 사이트 (https://www.mofa.go.kr/www/wpge/m_3834/contents.do).

패권경쟁 시대, 전쟁을 막을
최선의 안보 전략

왜 우리는 핵보유국이 되어야 하는가

정성장 지음

ⓒ 정성장, 2023

초판 1쇄 인쇄일 2023년 8월 18일
초판 1쇄 발행일 2023년 8월 25일

ISBN 979-11-5706-299-7 (93390)

만든 사람들

기획편집 배소라
책임편집 이형진
홍보 마케팅 최재희 신재철 김지효
디자인 이미경
인쇄 천광인쇄사

펴낸이 김현종
펴낸곳 ㈜메디치미디어
경영지원 이도형 이민주 김도원
등록일 2008년 8월 20일 제300-2008-76호
주소 서울시 중구 중림로7길 4, 3층
전화 02-735-3308
팩스 02-735-3309
이메일 medici@medicimedia.co.kr
페이스북 facebook.com/medicimedia
인스타그램 @medicimedia
홈페이지 www.medicimedia.co.kr

이 책에 실린 글과 이미지의 무단전재·복제를 금합니다.
이 책 내용의 전부 또는 일부를 재사용하려면 반드시
출판사의 동의를 받아야 합니다.
잘못된 책은 구입처에서 교환해드립니다.